中等职业教育国家规划教材
全国中等职业教育教材审定委员会审定

建 筑 结 构 基 础

（水利水电工程技术专业）

主　　编　李转学
责任主编　张勇传
审　　稿　李廷孝
　　　　　何少溪

U0238758

中国水利水电出版社
www.waterpub.com.cn

内 容 提 要

　　本书是按照中华人民共和国颁布的行业标准：SL/T191—96《水工混凝土结构设计规范》；GBJ3—88《砌体结构设计规范》；SL74—95《水利水电工程钢闸门设计规范》编写的。全书共十章，主要内容为钢筋混凝土结构和砌体结构的基本构件设计计算及其应用，并对预应力混凝土结构和钢结构也作了简要的介绍。

　　本书是水利水电工程技术专业、农业水利技术专业的国家中等职业学校统编教材，亦可作为水利水电工程人员学习和使用规范的参考书。

图书在版编目（CIP）数据

　　建筑结构基础/李转学主编．—北京：中国水利水电出版社，2002（2019.1重印）
　　中等职业教育国家规划教材
　　ISBN 978－7－5084－1331－0

　　Ⅰ．建… Ⅱ．李… Ⅲ．水工结构-专业学校-教材
Ⅳ．TV3

　　中国版本图书馆 CIP 数据核字（2002）第 097134 号

书　　名	中等职业教育国家规划教材 **建筑结构基础**（水利水电工程技术专业）
作　　者	主编　李转学
出版发行	中国水利水电出版社 （北京市海淀区玉渊潭南路 1 号 D 座　100038） 网址：www.waterpub.com.cn E－mail：sales@waterpub.com.cn 电话：（010）68367658（营销中心）
经　　售	北京科水图书销售中心（零售） 电话：（010）88383994、63202643、68545874 全国各地新华书店和相关出版物销售网点
排　　版	中国水利水电出版社微机排版中心
印　　刷	北京合众伟业印刷有限公司
规　　格	184mm×260mm　16 开本　10 印张　237 千字
版　　次	2003 年 1 月第 1 版　2019 年 1 月第 7 次印刷
印　　数	16101—17600 册
定　　价	**30.00 元**

中等职业教育国家规划教材
出 版 说 明

　　为了贯彻《中共中央国务院关于深化教育改革全面推进素质教育的决定》精神，落实《面向 21 世纪教育振兴行动计划》中提出的职业教育课程改革和教材建设规划，根据教育部关于《中等职业教育国家规划教材申报、立项及管理意见》（教职成〔2001〕1 号）的精神，我们组织力量对实现中等职业教育培养目标和保证基本教学规格起保障作用的德育课程、文化基础课程、专业技术基础课程和 80 个重点建设专业主干课程的教材进行了规划和编写，从 2001 年秋季开学起，国家规划教材将陆续提供给各类中等职业学校选用。

　　国家规划教材是根据教育部最新颁布的德育课程、文化基础课程、专业技术基础课程和 80 个重点建设专业主干课程的教学大纲（课程教学基本要求）编写，并经全国中等职业教育教材审定委员会审定。新教材全面贯彻素质教育思想，从社会发展对高素质劳动者和中初级专门人才需要的实际出发，注重对学生的创新精神和实践能力的培养。新教材在理论体系、组织结构和阐述方法等方面均作了一些新的尝试。新教材实行一纲多本，努力为教材选用提供比较和选择，满足不同学制、不同专业和不同办学条件的教学需要。

　　希望各地、各部门积极推广和选用国家规划教材，并在使用过程中，注意总结经验，及时提出修改意见和建议，使之不断完善和提高。

教育部职业教育与成人教育司

2002 年 10 月

前　　言

　　本书是根据教育部中等职业教育水利水电专业国家规划教材选题和编审出版规划编写的通用教材，适用于水利水电工程技术专业和农业水利技术专业。内容主要有钢筋混凝土结构和砌体结构，对预应力混凝土结构和钢结构的基本概念也作了讲述。本书中所加"＊"的内容为选学内容，可根据各地区的实际情况和需要选学。

　　本书是按照中华人民共和国颁布的行业标准：SL/T191—96《水工混凝土结构设计规范》；GBJ3—88《砌体结构设计规范》；SL74—95《水利水电工程钢闸门设计规范》编写的。为了贯彻以知识为基础，以能力为本位的主导思想，适应社会发展需要，培养具有技术应用性能力的专门人才。依据新的教学计划和课程教学基本要求，在内容上尽可能做到易学、易懂，由浅入深，循序渐进，突出职业教育的特色。加强学生动手能力的培养，强化学生基本技能的训练，详细介绍了各种构件的构造要求及基本构件的设计步骤，选例力求联系实际，具有较强的代表性。

　　本书由河南省郑州水利学校李转学担任主编。编写人员：湖北水利水电职业技术学院张建华（一、二、十章）；安徽水利水电职业技术学院毕守一（六、七、九章）；山东省水利职业学院李萃青（四、五、八章）；河南省郑州水利学校李转学（绪论、三章）。还得到了全国水利水电中专教研会、《建筑结构》课程组及有关学校领导、老师的大力支持，在此一并表示感谢。

　　本书经全国中等职业教育教材审定委员会审定，由华中科技大学张勇传院士担任责任主审，武汉大学教授李延孝、何少溪审稿，中国水利水电出版社另聘河南省水利水电学校王文典主审了全稿，提出了许多宝贵的修改意见，在此一并表示感谢。

　　由于编者水平有限，加之时间仓促，书中难免出现错误和纰漏，恳请有关兄弟院校在使用过程中及时不吝指正。

编　者

2002 年 7 月

目　录

绪　　论

一、建筑结构

人类在认识自然改造自然的过程中，修建了各种各样的建筑物。在水利方面，人们为了控制和利用水资源，达到兴利除害的目的，兴建大量的水工建筑物，例如拦河坝、溢洪道、水电站厂房、调压塔、压力水管、水闸、船闸、泵房、渡槽、涵管、隧洞衬砌等。

无论是简单的建筑物，还是复杂的建筑物，能否建成关键在于有没有相应的结构把它支承起来，构成具有足够抵抗能力的空间骨架，抵御自然界可能发生的各种作用（力），为人类需要服务。

图 0-1 为某水电站厂房上部结构示意图。厂房上部结构由钢筋混凝土整体楼盖、排架柱、吊车梁、砌体组成。

楼盖由现浇板与纵横交错的梁（梁格）组成。板的自重及屋面构造层的重量、雪荷载等通过板传递给梁。梁将板传来的荷载及自身自重传给排架柱。板、梁以弯曲变形为主均为受弯构件，产生内力有弯矩和剪力；吊车梁支撑桥式吊车，承受的荷载有吊车梁自重、吊车竖向荷载、吊车横向刹车力，产生的内力有弯矩、剪力、扭矩，属于弯剪扭构件；排架柱支撑楼盖、支承吊车梁传来的荷载，属偏心受压构件；周围的砌体是厂房的围护构件。

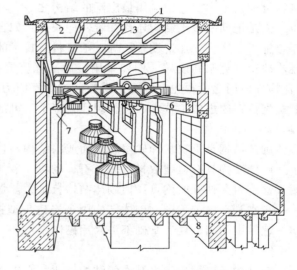

图 0-1　水电站厂房上部结构
1—屋面构造层；2—屋面板；3—纵梁；4—屋面大梁；
5—吊车；6—吊车梁；7—柱；8—发电机层楼盖

上述结构构件构成建筑物的传力体系，是建筑物的骨架。

在建筑物中，由若干构件（梁、板、墙、柱和基础）连接而构成的，能够承受直接作用（荷载作用）和间接作用（如温度变化、地基不均匀沉降、地震等）的体系，称建筑结构。建筑结构是建筑物的骨架和基本组成部分，是建筑物赖以存在的基础。

二、建筑结构按材料分类

建筑结构按所用材料不同，可分为钢筋混凝土结构、砌体结构和钢结构。

1. 钢筋混凝土结构

钢筋混凝土结构是钢筋和混凝土两种材料组成的共同受力结构。

混凝土是由水泥、砂、石子、水按一定的配合比拌和，浇捣形成的人工石材，具有较高的抗压强度，但抗拉强度很低。而钢筋的抗拉、抗压强度都很高。为了充分利用混凝土和钢筋的力学性能，在混凝土构件的受拉区配置钢筋，由钢筋承担拉力，弥补混凝土抗拉能力低的弱点。

钢筋和混凝土两种性能不同的材料，通过有效的组合，使混凝土主要承担压力，钢筋主要承担拉力，从而提高了混凝土结构的承载力（与纯混凝土构件相比），改善了结构的受力性能。二者能结合在一起共同受力，协调工作主要有以下原因：①钢筋与混凝土之间有良好的粘结力。从而使两者协调变形，相互作用，共同受力；②钢筋与混凝土有相近的线膨胀系数。当外界温度变化时，不会产生相对的变形而破坏；③钢筋受混凝土的握裹，不易锈蚀。因而钢筋混凝土构件具有较好的耐久性。

钢筋混凝土结构具有整体性好（混凝土构件可整体浇注，提高了刚度，有利于抗震及防爆）、可模性好（可根据设计体型的要求，浇注成各种形状和尺寸的结构）、就地取材（钢筋混凝土结构中砂、石用量最大，一般都可就地或就近取用，减少了运输费用，降低了工程造价）、节约钢材（在某些情况下，可代替钢结构，节约钢材，降低成本）、耐久性好、耐火性好（混凝土的导热性能差，不致因受火灾使钢筋达到软化导致结构破坏）等优点，目前是土木工程中应用最广泛的结构之一。

但是钢筋混凝土结构还存在着一些缺点：如自重大，不利于建造大跨度结构，抗裂性差，施工工序多，建造期较长等。随着科学技术的发展，钢筋混凝土结构的这些缺点正在逐步地得到克服和改善。例如采用轻质高强度混凝土可以减轻自重；采用预应力混凝土（在构件使用之前预先在混凝土受拉区施加压应力，形成预应力混凝土结构）可提高构件的抗裂性；改进施工技术，进行现代化施工，可加快施工速度，缩减工期。

2. 砌体结构

砌体结构是由块材和砂浆砌筑而成的结构，包括砖砌体、石砌体、砌块砌体三类。

砌体结构具有就地取材（砖、石、砌块、砂一般都可就近找到），成本低，施工简易，耐火性、耐久性好的优点，但砌体结构自重大，强度低，抗震性能差，砌筑费工。

在水利水电工程中，砌体结构用来修建小型拦河坝、挡土墙、拱桥、桥墩、涵洞等。房屋建筑中的墙、柱、基础都可采用砌体结构。

3. 钢结构

钢结构是以钢材为主制作的结构，比如水工钢闸门、钢塔等。

钢结构的材质均匀，强度高；构件截面小，自重轻；可焊性好，制作简单。钢结构的缺点是容易锈蚀，需要经常维护，耐火性较差。

三、《建筑结构》课程的任务及特点

建筑结构是土木类专业（包括水利水电工程技术专业、农业水利技术专业）的主干课程之一。学习本课程的主要目的是：了解混凝土结构、砌体结构、钢结构的基本理论；理解基本构件的受力特点和计算方法及主要构造要求；掌握规范中有关结构构造的一般规定；能识读结构施工图，能理解设计意图，正确指导施工。

学习本课程需注意以下几点：

（1）建筑结构是各种建筑材料的材料力学，但所用材料非单一的均质弹性材料与材料力学中的均质弹性材料不同，力学性能复杂，学习时必须注意材料的特殊性。

（2）不论是钢筋混凝土结构，还是砌体结构、钢结构，其计算公式是在大量实验基础上建立起来的，计算公式应用时应注意公式的适用范围和条件，不能生搬硬套。在计算中不易考虑的因素用构造要求来保证，因而构造措施很重要。

（3）本课程涉及到多科（课）的知识，影响因素多，综合性强，应注意培养学生的综合分析和归纳能力，抓住核心实质，正确处理好安全可靠与经济合理间的关系。本课程实践性强，注意吸取感性知识，联系工程实际。

（4）在工程实践中，工程质量的控制非常严谨，一定要遵守技术法规，按规范办事。规范是实践经验的总结，建筑工程、水利水电工程等各个行业都有各行业技术标准和设计规范。通过学习本课程，进一步树立技术经济法规的概念，熟悉规范，正确运用规范，增强法制观念。

第一章 钢筋混凝土结构的材料

钢筋混凝土是由钢筋和混凝土两种材料组成的。在《建筑材料》课程中对这两种材料的成分、性质、质量检验方法已系统介绍过，本章侧重介绍两种材料的力学性能指标和两者之间存在的粘结力。

第一节 钢 筋

一、钢筋的种类

对于混凝土结构中的钢筋，要求具有一定的强度、足够的塑性和良好的可焊性，并能很好地与混凝土粘结在一起。

钢筋按生产加工工艺不同可分为四大类：

（1）热轧钢筋。钢材在高温状态下轧制而成，按其强度由低到高分为四级：Ⅰ级、Ⅱ级、Ⅲ级、Ⅳ级。

（2）冷拉钢筋。由热轧钢筋在常温下用机械拉伸而成。冷拉钢筋分为：冷拉Ⅰ级、冷拉Ⅱ级、冷拉Ⅲ级、冷拉Ⅳ级。

（3）冷轧带肋钢筋。由热轧钢筋圆盘条经多道冷轧和冷拔减小直径，并在钢筋表面冷轧成斜肋。

（4）热处理钢筋。由强度较高的热轧钢筋经过淬火和回火处理而成。

钢筋按化学成分不同分为碳素钢和普通低合金钢两大类。

碳素钢的力学性能与含碳量多少密切相关。碳素钢分为三种：低碳钢（含碳量低于0.25％）、中碳钢（含碳量为0.25％～0.6％）、高碳钢（含碳量为0.6％～1.4％），生产制作钢筋的碳素钢主要是低碳钢和中碳钢。

炼钢过程中，在碳素钢中加入少量硅、锰、钒、钛等合金元素，就形成普通低合金钢。普通低合金钢强度高、塑性好、可焊性好。

下面分别介绍各种钢筋的性能：

（一）Ⅰ级钢筋

由低碳钢（牌号为Q235）热轧而成，表面光圆。直径为8～20 mm。Ⅰ级钢筋塑性好，可焊性好，强度稍低。主要用于板的受力钢筋，梁、柱的箍筋和构造钢筋。

（二）Ⅱ级钢筋

由低合金钢20MnSi和20MnNb（b）热轧而成变形钢筋，直径一般为8～40mm。Ⅱ级钢筋强度比较高，塑性、可焊性都比较好。由于强度比较高，为增加钢筋与混凝土之间的粘结力，钢筋表面轧成月牙肋，如图1-1（a）所示。Ⅱ级钢筋主要用作构件的受力钢筋，特别适用于承受多次重复荷载、地震作用和冲击荷载的结构构件。

（三）Ⅲ级钢筋和Ⅳ级钢筋

Ⅲ级钢筋由低合金钢 20MnSiV、20MnTi、K20MnSi 热轧而成，钢筋表面轧成月牙肋，直径一般为 8～40mm。

Ⅳ级钢筋由 40Si2MnV、45SiMnV 和 45Si2MnTi 热轧而成，钢筋表面轧成等高肋（螺纹），如图 1-1（b），直径一般为 10～32mm。

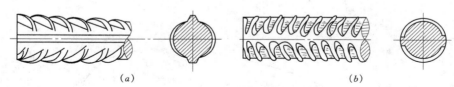

图 1-1　变形钢筋形状

(a) 月牙肋钢筋；(b) 螺纹钢筋

Ⅲ级和Ⅳ级钢筋都为变形钢筋，由于含碳量较高，塑性和可焊性不及Ⅱ级钢筋，一般经冷拉后用于预应力混凝土结构。

（四）冷拉钢筋

在常温下，对热轧钢筋进行张拉，使钢筋强度提高，形成冷拉钢筋。冷拉Ⅰ级钢筋可用于普通钢筋混凝土构件，冷拉Ⅱ级、冷拉Ⅲ级、冷拉Ⅳ级常用于预应力混凝土结构。

（五）冷轧带肋钢筋

冷轧带肋钢筋是由热轧圆盘条（母材）经冷轧后形成带肋的钢筋，如图 1-2 所示，直径一般为 4～12mm。与冷轧前相比，冷轧带肋钢筋强度有较大提高。冷轧带肋钢筋有三种牌号：LL550、LL650、LL800。LL 是冷字与肋字汉语拼音第一个字母，数字代表钢筋抗拉强度标准值（N/mm²）。LL550 冷轧带肋钢筋可用于普通钢筋混凝土结构，LL650、LL880 冷轧带肋钢筋用于中小型预应力混凝土构件。

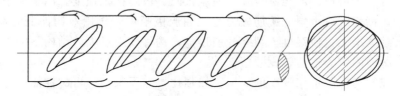

图 1-2　冷轧带肋钢筋的外形与截面形状（三面肋）

（六）热处理钢筋

由强度大致相当于Ⅳ级的钢筋经过淬火和回火处理制成，表面为螺纹。热处理钢筋主要牌号有 40Si2Mn、48Si2Mn 和 45Si2Cr。跟母材相比，强度显著提高，塑性降低不多。热处理钢筋用于预应力混凝土结构。

（七）钢丝、钢绞线

钢丝分碳素钢丝和刻痕钢丝。钢绞线是由多股平行的碳素钢丝按一个方向绞制而成。钢丝及钢绞线都具有很高的抗拉强度，用于预应力混凝土结构。

二、钢筋的力学性能

热轧Ⅰ级、Ⅱ级、Ⅲ级、Ⅳ级钢筋和冷拉钢筋，受力后有明显的流幅，称之为软钢。

冷轧带肋钢筋、热处理钢筋及高强钢丝，受力后无明显的流幅，称之为硬钢。软钢与硬钢力学性能有明显差异。

（一）软钢的力学性能

取Ⅰ级钢筋标准试件作拉伸试验，应力应变曲线如图1-3所示。从开始加载到钢筋被拉断划分为四个阶段：弹性阶段、屈服阶段、强化阶段、破坏阶段。

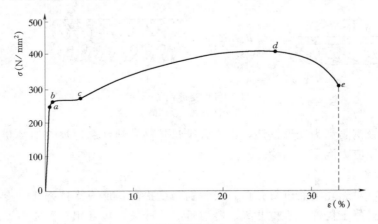

图1-3　Ⅰ级钢筋的应力—应变曲线

自开始加载到应力达到 a 点，应力应变曲线是直线，oa 段为弹性阶段。a 点对应的应力称为比例极限。bc 段为屈服阶段，应力不增长，应变继续增长，产生很大的塑性变形，应力应变曲线近似水平线段。bc 段应力最低点称屈服极限。cd 段应力应变曲线重新表现为上升的曲线，称强化阶段。曲线最高点 d 对应的应力称为极限抗拉强度。de 段应力应变曲线为下降曲线，试件产生颈缩现象，到 e 点钢筋被拉断，de 段称为破坏阶段。

钢筋应力有三个特征值：比例极限、屈服极限、极限抗拉强度。屈服极限是软钢的主要强度指标。在钢筋混凝土中，钢筋应力达到屈服极限后，作用在构件上的荷载不增加，钢筋的应变会继续增大，使混凝土裂缝开展过宽，构件变形过大，结构不能正常使用。因此，软钢以屈服极限作为钢筋强度限值。

钢筋屈服强度与极限抗拉强度的比值称屈强比，它反映结构可靠性能潜力大小，屈强比越小，结构的可靠储备越大。

e 点对应的应变称伸长率，伸长率大小反映钢筋的塑性，伸长率越大，钢筋塑性越好。钢筋的塑性还可以用冷弯试验检验。

对软钢进行质量检验，主要测定钢筋的屈服极限、极限抗拉强度、伸长率和冷弯性能。

不同级别的软钢分别做拉伸试验，其应力应变曲线如图1-4所示。钢筋级别越高，屈服极限、抗拉强度越高，伸长率越小，流幅也相应缩短，塑性越差。

（二）硬钢的力学性能

硬钢强度高，塑性差，脆性大，没有屈服阶段。应变曲线如图1-5所示。

结构计算以"协定流限"作为强度标准，协定流限指经过加载及卸载后尚存有0.2%永久残余变形时的应力，用 $\sigma_{0.2}$ 表示。由于协定流限不容易测定，这类钢筋通常以极限抗

拉强度 σ_b 作为主要强度指标，取 $\sigma_{0.2}=0.8\sigma_b$。

对硬钢进行质量检验，主要测定极限抗拉强度、伸长率、冷弯性能。

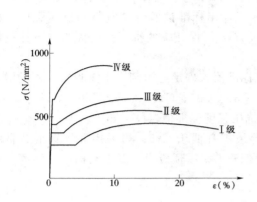 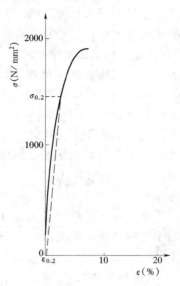

图 1-4 不同级别钢筋的应力—应变曲线　　　图 1-5 硬钢的应力—应变曲

（三）冷拉钢筋的力学性能

冷拉是将钢筋拉伸超过它的屈服极限，然后卸掉荷载，经过一段时间后，钢筋的屈服极限比冷拉前提高 19％～34％，如图 1-6 所示。

钢筋冷拉后，屈服强度提高了，但流幅缩短了，伸长率也减少了，性质变脆，这对承受冲击荷载与重复荷载是不利的。钢筋冷拉后，抗拉强度提高了，抗压强度并没有提高。

冷拉钢筋受到高温时，它的强度会降低。由于在很高的焊接温度下，钢筋冷拉强化效应会完全消失，因此，焊接冷拉钢筋时，应控制加热时间。

热轧钢筋、冷拉钢筋、冷轧带肋钢筋、热处理钢筋、钢丝、钢绞线的强度标准值见附录一表 4、表 5。

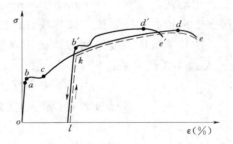

图 1-6 钢筋冷拉后的应力—应变曲线

（四）钢筋弹性模量

钢筋在弹性阶段应力与应变的比值，称为弹性模量，用符号 E_s 表示，钢筋弹性模量大小根据拉伸试验测定，同一种钢筋受压弹性模量与受拉弹性模量相同，其数值见附录一表 8。

第二节　混　凝　土

混凝土是由水泥、砂、石、水按一定配合比组成的人工石材。

一、混凝土的强度

混凝土强度与水泥强度、水泥用量、水灰比、配合比、施工方法、养护条件、龄期等因素有关。试件的形状尺寸、试验方法对测试结果也有影响。

混凝土的强度指标主要有立方体抗压强度、轴心抗压强度和轴心抗拉强度。

(一) 立方体抗压强度 f_{cu}

我国混凝土结构设计规范规定以边长为 150mm 的立方体标准试件，在温度为 $20\pm3℃$，相对湿度不小于 90％ 的条件下养护 28 天，用标准试验方法测得的抗压强度，称为标准立方体抗压强度，用 f_{cu} 表示；测得的具有 95％ 保证率的抗压强度称为立方体抗压强度标准值，用 f_{cuk} 表示。

混凝土强度等级是根据立方体抗压强度标准值来确定。水利水电工程所采用的混凝土强度等级分 11 级：C10、C15、C20、C25、C30、C35、C40、C45、C50、C55、C60。其中 C 表示混凝土，数字 10～60 表示立方体抗压强度标准值（N/mm²）。

水工钢筋混凝土结构中的混凝土强度等级不宜低于 C15；当采用 Ⅱ 级钢筋、Ⅲ 级钢筋、冷轧带肋钢筋时，混凝土强度等级不宜低于 C20；预应力混凝土结构中，混凝土强度不宜低于 C30。

(二) 轴心抗压强度 f_c

实际工程中的混凝土受压构件并非是立方体而是棱柱体，它们的长度比截面尺寸大得多，从而立方体抗压强度并不能反映实际构件的强度。

试验表明，用高宽比为 3～4 的棱柱体测得的抗压强度与以受压为主的混凝土构件中混凝土抗压强度基本一致。

用棱柱体试件（150mm×150mm×300mm）经标准养护后进行抗压试验，得到的抗压强度称轴心抗压强度，又称棱柱体抗压强度，用 f_c 表示。

棱柱体抗压强度与立方体抗压强度的对比试验表明，f_c 与 f_{cu} 大致成线性关系：

$$f_c = 0.67 f_{cu} \qquad (1-1)$$

工程中，一般通过测定混凝土立方体抗压强度，再换算出轴心抗压强度。

(三) 轴心抗拉强度 f_t

对构件进行抗裂验算、裂缝宽度验算需要混凝土轴心抗拉强度值。

用棱柱体试件（100mm×100mm×500mm），两端正中预埋Ⅱ级钢筋如图 1-7 所示，经标准养护后，用试验机夹紧钢筋，使混凝土试件受拉，测得构件破坏时的抗拉强度，称轴心抗拉强度，用 f_t 表示。

混凝土轴心抗拉强度与立方体抗压强度的关系：

$$f_t = 0.23 f_{cu}^{2/3} \qquad (1-2)$$

不同强度等级混凝土的轴心抗压强度标准值 f_{ck}、轴心抗拉强度标准值 f_{tk} 见附录一表 1。

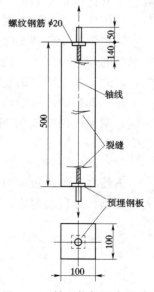

图 1-7 轴心抗拉强度试验

二、混凝土的变形

混凝土的变形有两大类：一类是由外荷载作用产生的变形；一类是由温度、干湿变化引起的体积变形。

（一）混凝土在一次短期加载时的应力应变曲线

用棱柱体试件作一次短期加载受压试验，其应力应变曲线如图1-8所示。

（1）当应力 $\sigma < 0.3f_c$，应力应变曲线 oa 段接近于直线。混凝土表现出弹性变形。

（2）当 $0.3f_c < \sigma < 0.8f_c$，应力应变曲线 ab 段弯曲，混凝土表现出塑性变形。

（3）当应力达到极限强度（c 点），试件表面出现纵向裂缝，开始破坏。c 点对应的应力即轴心抗压强度 f_c，对应的应变 ε_0 约为 0.002。

（4）当应力达到 f_c 之后，应力逐渐减少而应变继续增加，应力应变曲线在 d 点出现反弯，混凝土达到极限压应变 ε_{cu}。ε_{cu} 值一般在 0.003～0.004 范围内。

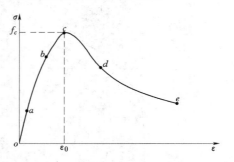

图1-8　混凝土一次短期加荷时的应力～应变曲线

对于均匀受压的混凝土，由于压应力达到 f_c 时，混凝土构件已不能承担更大的荷载，所以不管有无下降段，极限压应变都按 ε_0 考虑。规范规定 ε_0 取 0.002。

对于非均匀受压的混凝土，当混凝土最外纤维的应力达到 f_c 时，由于最外纤维可将部分应力传给附近的纤维，构件不会立即破坏，只有当受压区最外纤维的应变达到极限压应变 ε_{cu} 时，构件才会破坏。规范规定非均匀受压混凝土的极限应变 ε_{cu} 取 0.0033。

混凝土受拉时的应力应变曲线与一次短期受压时应力和应变曲线相似，但应力、应变值小得多，计算时，混凝土受拉极限应变 ε_{tu} 取 0.0001。

（二）混凝土的弹性模量 E_c

混凝土应力应变曲线为一曲线，其弹性模量是一个变量。工程中，采用重复加载卸载，使应力应变曲线渐渐趋稳定并接近直线，该直线的斜率即为混凝土的弹性模量。混凝土弹性模量按下列经验公式计算：

$$E_c = \frac{10^5}{2.2 + \dfrac{34.7}{f_{cu}}} \quad (\text{N}/\text{mm}^2)$$

按上式计算的混凝土弹性模量见附录一表3。混凝土受拉弹性模量与受压弹性模量基本相同，计算时取相同的值。

（三）混凝土在长期荷载作用下的变形

混凝土在长期荷载作用下，应力不变，应变随时间增长而增长，这种现象称为混凝土的徐变。

混凝土构件加载瞬间就产生瞬时应变 ε_0，当荷载持续作用，混凝土应变会随时间而增长，增长的部分即徐变。最终徐变值约为瞬时应变的 2～3 倍，徐变开始发展较快，逐渐减慢，通常6个月可完成最终徐变量的 70%～80%，一年内可完成最终徐变量的 90%

左右，两年后基本完成，如图1-9所示。

混凝土产生徐变后，如果卸掉荷载，徐变可以恢复一部分，剩下的一部分不能恢复。

徐变与塑性变形不同。徐变可以部分恢复，且应力较小时就发生；而塑性变形只有当应力超过材料弹性极限才发生，且是不可恢复的。

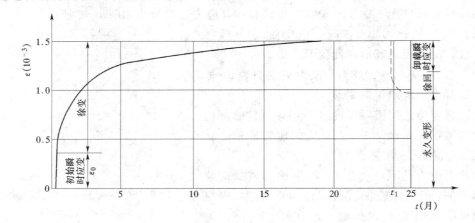

图1-9 混凝土的徐变与时间的关系

影响徐变的主要因素有：

（1）构件截面压应力越大，徐变就越大；

（2）开始承载时，混凝土强度越低，徐变就越大；

（3）水泥用量越多，水灰比越大，徐变越大；

（4）构件振捣密实，养护时相对湿度越高，徐变越小。

混凝土的徐变对钢筋混凝土构件受力性能有重要影响。有利方面：结构局部的应力集中因徐变得到缓和，支座沉陷引起的应力及温度应力由于徐变得到松弛；不利方面：徐变会使结构的变形增大，在预应力混凝土结构中，会造成较大的预应力损失。

（四）混凝土的温度变形和干缩变形

混凝土具有热胀冷缩的性质，线性温度膨胀系数约 $7×10^{-6}$～$11×10^{-6}$（$1/℃$）。

水工大体积混凝土因温度变化引起体积变化，称温度变形。当温度变形受到约束时，产生温度应力，当温度应力超过混凝土抗拉强度时，混凝土产生裂缝，引起钢筋锈蚀，结构产生渗漏。

混凝土在空气中硬化时体积缩小的现象，称干缩变形。混凝土干缩应变一般在 $2×10^{-4}$～$6×10^{-4}$ 之间。干缩变形会引起混凝土产生表面裂缝。

混凝土的干缩变形与养护条件密切相关，还与水泥用量、水灰比等因素有关，水泥用量越多，水灰比越大，干缩变形越大。

对于遭受剧烈气温或湿度变化作用的水工混凝土结构，面层常配置钢筋网，使裂缝分散，从而限制裂缝的宽度，减轻危害。

为了减轻温度变形、干缩变形的危害，措施之一是建筑物间隔一定距离设置伸缩缝。

三、混凝土的重力密度

混凝土重力密度与骨料、振捣密实程度有关，数值大小由试验确定。当无试验资料时，混凝土重力密度取 24kN/m³，钢筋混凝土重力密度取 25kN/m³.

第三节　钢筋与混凝土的粘结

一、钢筋与混凝土之间的粘结力

钢筋与混凝土能组合在一起共同受力，前提条件是两者之间存在粘结力。一般情况，外荷载很少直接作用在钢筋上，钢筋受到的力通常是周围混凝土传给它的。粘结力分布在钢筋与混凝土的接触面上，能阻止钢筋与混凝土之间的相对滑移，使钢筋在混凝土中充分发挥作用。

产生粘结力的主要因素：一是因为混凝土收缩将钢筋紧紧握固而产生的摩擦力；二是因为混凝土颗粒与钢筋表面产生的化学粘合力；三是由于钢筋表面凹凸不平与混凝土之间产生的机械咬合力。其中机械咬合力作用最大，约占总粘结力的一半以上。因此，月牙纹钢筋、螺纹钢筋与混凝土的粘结力比光面钢筋与混凝土的粘结力大。

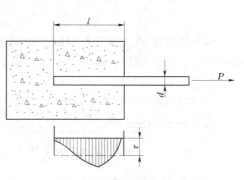

图 1-10　钢筋的拔出试验

粘结力通过拔出试验确定，将钢筋（直径为 d）一端埋入混凝土中（埋入长度为 l），另一端施加拉力，将钢筋拔出，如图 1-10 所示。平均粘结应力

$$\tau = \frac{P}{\pi dl} \tag{1-3}$$

式中　P——拉力最大值，N；

d——钢筋直径，mm；

l——钢筋埋入长度，mm。

拔出试验表明：混凝土强度越高，粘结应力也越高；埋入长度越大，需要的拔出力越大，但埋入长度尾部的粘结力很小，甚至为零；钢筋表面越粗糙，粘结力越大。

二、钢筋的锚固与绑扎搭接

为了保证钢筋在混凝土中锚固可靠，设计时应使钢筋在混凝土中有足够的锚固长度。规范规定了纵向受拉钢筋最小锚固长度 l_a，见附录三表 2。

对于受压钢筋，由于钢筋受压产生鼓胀，粘结力增大，受压钢筋锚固长度取受拉钢筋锚固长度 l_a 的 70%。

钢筋强度越高，直径越粗，混凝土强度越低，钢筋锚固长度要求越长。

为了保证光面钢筋锚固可靠，规范规定受力的光面钢筋两端必须做成半圆形弯钩。如图 1-11 所示。

Ⅱ级、Ⅲ级钢筋、冷轧带肋钢筋以及焊接骨架中的光面钢筋可不做端弯钩。

为了便于运输，细钢筋绕成圆盘，粗钢筋长度一般为 6～12m。工程中，当钢筋长度不够时需要接长，接长的方法有焊接、绑扎搭接、机械连接，均要求按施工规范施工。

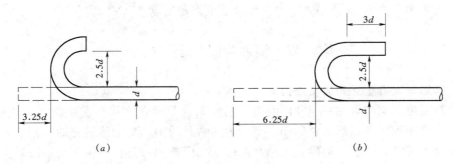

图 1-11　光面钢筋的弯钩

（a）机器弯钩；（b）人工弯钩

　　绑扎搭接是通过钢筋与混凝土之间的粘结力传递钢筋与钢筋间的内力，要求绑扎接头必须有足够的搭接长度如图 1-12 所示。

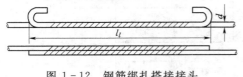

图 1-12　钢筋绑扎搭接接头

规范规定：

　　（1）受拉钢筋的搭接长度不小于 $1.2l_a$，且不小于 300mm；

　　（2）受压钢筋的搭接长度不小于 $0.85l_a$，且小于 200mm；

　　当钢筋直径较粗时，要求的搭接长度较长，很不经济。规范规定，$d>22$mm 的受拉钢筋或 $d>32$mm 的受压钢筋，不宜采用绑扎接头。

本　章　小　结

　　1. 普通钢筋混凝土结构中，最常用的钢筋是Ⅰ级钢筋、Ⅱ级钢筋。Ⅰ、Ⅱ级钢筋属于软钢，以钢筋的屈服极限作为结构计算的强度限值。

　　2. 混凝土立方体抗压强度是强度代表值；混凝土强度分 11 个等级，常用等级有 C15、C20、C25、C30。混凝土轴心抗压强度，轴心抗拉强度可以由立方体抗压强度换算得到。

　　3. 均匀受压混凝土极限压应变 ε_{cu} 取 0.002，非均匀受压混凝土极限压应变 ε_{cu} 取 0.0033；混凝土受拉极限应变 ε_{tu} 取 0.0001。

　　4. 混凝土徐变使结构变形增大，在预应力混凝土结构中，徐变会引起较大的预应力损失。

　　5. 钢筋锚固长度、绑扎搭接长度是为了保证钢筋与混凝土之间有足够的粘接力。

习　　　题

　　1. 检验Ⅰ级、Ⅱ级钢筋质量指标有哪几项？

　　2. 钢筋混凝土结构对混凝土强度有什么要求？

3. 什么叫混凝土徐变？徐变对混凝土结构有什么影响？

4. 强度等级为 C15 的混凝土的轴心抗拉强度标准值、弹性模量各是多少？

5. 直径为 12mm 的 Ⅱ 级钢筋在强度等级为 C20 的混凝土受拉区中，绑扎搭接长度是多少？

第二章 水工混凝土结构计算原理

工程结构设计应贯彻执行国家的技术经济政策，做到安全适用、技术先进、经济合理。SL/T191—96《水工混凝土结构设计规范》采用概率极限状态设计法，以可靠指标来度量结构构件的可靠度，并采用以分项系数的设计表达式进行设计。

第一节 结构的功能

一、结构的功能要求

GB50199—94《水利水电工程结构可靠度设计统一标准》规定：Ⅰ级壅水建筑物结构的设计基准期为100年，其他永久性建筑物结构的设计基准期为50年。

结构设计的基本要求，是以最经济的手段，使结构在预定的设计基准期内具有预定的各种功能。从而在进行建筑物或构筑物设计时，各类结构及构件在设计基准期内均应满足下列各项预定的功能要求：

（1）安全性。要求结构在正常施工和正常使用时，能承受可能出现的各种作用；在出现预定的偶然作用时，主体结构仍然保持稳定性。

（2）适用性。要求结构在正常使用时具有良好的工作性能，不出现过大的变形和过宽的裂缝。

（3）耐久性。要求结构在正常维护下具有足够的耐久性。

安全性、适用性、耐久性是衡量结构可靠的标志，统称结构的可靠性。由于结构的各种作用、材料及几何参数的变异，结构的可靠性用结构的可靠度度量，即结构在规定的时间内，在规定的条件（正常设计、正常施工、正常使用）下，完成预定功能的概率，称为结构的可靠度。

二、结构上的作用和作用效应

结构在使用过程中，除承受自重外，还承受人群荷载、设备重量、风荷载、雪荷载、水压力、浪压力等荷载作用，这些荷载直接施加在结构上并使结构变形，称直接作用。

结构在使用过程中，由于地基不均匀沉降、温度变化、地震使结构产生外加变形或约束变形，称间接作用。

间接作用的内容超出中职教学大纲的要求，本书不作介绍。

直接作用习惯上称荷载。荷载按随时间的变异分为三类：

（1）永久荷载（恒荷载）G。指在设计基准期内其值不随时间变化，或其变化与平均值相比可以忽略不计的荷载，例如结构自重，土压力、预应力等。

（2）可变荷载（活荷载）Q。指在设计基准期内其值随时间变化，且变化与平均值相比不能忽略的荷载，例如楼面活荷载、风荷载、吊车荷载等。

（3）偶然荷载 A。指在设计基准期内不一定出现，一旦出现，则量值很大，且持续时间很短的荷载，例如校核洪水、地震作用等。

GB50199—94《水利水电工程结构可靠度设计统一标准》规定，永久荷载、可变荷载均以荷载标准值作为代表值。荷载标准值是指结构构件在使用期间的正常情况下可能出现的最大荷载值。荷载标准值按 DL5077—1997《水工建筑物荷载设计规范》规定直接查表或计算。例如水工建筑物（结构）的自重标准值可按结构设计尺寸与其材料重度计算确定。

作用在结构上的各种荷载使结构产生内力、变形和裂缝等，统称作用效应（荷载效应），用 S 表示。荷载效应根据结构上的作用由结构计算求得。

三、结构的抗力

结构或构件承受作用效应的能力，称结构抗力，用 R 表示，如强度、刚度、抗裂度等。结构的抗力取决于材料的性能、结构的几何参数、施工质量等因素。

第二节　概率极限状态设计法

一、结构的极限状态

结构的极限状态是指结构或结构的一部分超过某一特定状态就不能满足设计规定的某一功能要求，此特定状态称为该功能的极限状态。

结构极限状态分承载能力极限状态和正常使用极限状态两大类。

（一）承载能力极限状态

当结构或构件达到最大承载力，或者达到不适于继续承受荷载的变形状态时，称该结构或构件达到承载能力极限状态。当结构或构件出现下列状态之一时，即认为超过了承载能力极限状态：

（1）结构或结构的一部分丧失稳定；

（2）结构形成机动体系，而丧失承载能力；

（3）结构发生滑移、倾覆等不稳定情况；

（4）结构构件因强度不足而破坏；

（5）结构或构件产生过大的塑性变形，不适于继续承受荷载。

（二）正常使用极限状态

结构或构件达到正常使用或耐久性能的某项规定限值，称为正常使用极限状态。当结构或构件出现下列状态之一时，即认为超过了正常使用极限状态：

（1）产生过宽的裂缝；

（2）产生过大的变形；

（3）产生过大的振动。

结构设计时，先进行承载能力计算，然后根据使用上的要求进行抗裂验算、裂缝宽度验算、变形验算。

二、概率极限状态法

在水利水电工程中，由于各种不定性因素对结构的设计、施工、使用存在着影响。用概率论的观点来看，即使按正常的方法来设计、建造和使用结构，也不能认为它绝对安全可靠，结构仍存在抗力 R 小于作用效应 S 的可能性，当这种可能性极小时，我们就可以认为这个结构是可靠的。

（一）结构的失效概率和可靠概率

如果影响结构可靠度的随机变量只有抗力 R 和作用效应 S，假定 R 与 S 相互独立，都服从正态分布。取

$$Z = R - S \qquad (2-1)$$

Z 称为结构的功能函数。随着条件的不同，功能函数 Z 有三种可能：

（1）$Z < 0$，结构处于失效状态；

（2）$Z > 0$，结构处于可靠状态；

（3）$Z = 0$，结构处于极限状态。

因此，结构安全可靠工作的基本条件是：

$$Z \geqslant 0 \qquad (2-2)$$

因为 R、S 是随机变量，所以结构的功能函数 Z 也是一个随机变量。也服从正态分布。图 2-1 表示功能函数 Z 的概率分布曲线。

图中，纵坐标轴线以左阴影面积表示结构的失效概率 P_f，纵坐标轴线以右分布曲线与坐标轴围成的面积表示结构的可靠概率 P_s。

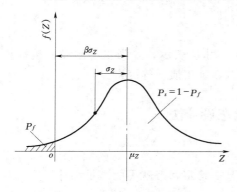

图 2-1　功能函数 Z 概率分布曲线

$$P_f = \int_{-\infty}^{0} f(Z) dZ \qquad (2-3)$$

$$P_s = \int_{0}^{\infty} f(Z) dZ \qquad (2-4)$$

结构的失效概率 P_f、结构的可靠概率 P_s 两者互补，即 $P_f + P_s = 1$。

P_f、P_s 均可度量结构的可靠性，工程界习惯于用结构的失效概率 P_f 来度量。

（二）结构的可靠指标和目标可靠指标

用失效概率 P_f 来度量结构的可靠性具有明确的物理意义，考虑到影响失效概率的因素较多，计算较复杂，《水利水电工程结构可靠度设计统一标准》引入可靠指标 β 代替结构失效概率 P_f 来度量结构的可靠性。

根据概率，可以求出可靠指标 β 与失效概率 P_f 之间的对应关系，如表 2-1 所示。

表 2-1　　　　　　　可靠指标 β 与失效概率 P_f 的对应关系

β	1	1.5	2	2.5	2.7	3	3.2	3.5	3.7	4	4.2	4.5
P_f	1.59×10^{-1}	6.68×10^{-2}	2.28×10^{-2}	6.21×10^{-3}	3.5×10^{-3}	1.35×10^{-3}	6.9×10^{-4}	2.33×10^{-4}	1.1×10^{-4}	3.17×10^{-5}	1.3×10^{-5}	3.4×10^{-6}

水工混凝土结构设计时，应根据水工建筑物的级别，确定水工建筑物结构安全级别，GB50199—94《水利水电工程结构可靠度设计统一标准》将水工建筑物结构安全级别划分为三级，如表 2-2 所示。

结构设计应使结构可靠度设计水平达到规定的目标，要求结构可靠指标 $\beta \geqslant$ 目标可靠指标 β_T。

水工混凝土结构设计规范规定，按承载能力极限状态（持久状况）设计时的目标可靠指标 β_T 如表 2-3 所示。

表 2-2　水工建筑物结构安全级别

水工建筑物级别	水工建筑物的结构安全级别
1	Ⅰ
2，3	Ⅱ
4，5	Ⅲ

表 2-3　结构构件承载能力极限状态设计时目标可靠指标 β_T

破坏类型	安 全 级 别		
	Ⅰ级	Ⅱ级	Ⅲ级
延性破坏	3.7	3.2	2.7
脆性破坏	4.2	3.7	3.2

采用可靠指标分析结构可靠度的设计方法，称为近似概率法。SL/T191—96《水工混凝土结构设计规范》在近似概率法的基础上，采用以分项系数和基本变量代表值体现的极限状设计表达式。

第三节　水工混凝土结构极限状态设计表达式

一、水工混凝土结构设计规范采用的分项系数

SL/T191—96《水工混凝土结构设计规范》在设计表达式中采用了五个分项系数。

（一）结构重要性系数 γ_0

结构安全级别不同，目标可靠指标也要求不同。结构设计规范采用作用效应 S 乘以结构重要性系数 γ_0 来反映不同的目标可靠指标。规范规定：

结构安全级别为Ⅰ级，$\gamma_0 = 1.1$；结构安全级别为Ⅱ级，$\gamma_0 = 1.0$；结构安全级别为Ⅲ级，$\gamma_0 = 0.9$。

（二）设计状况系数 ψ

结构在施工、使用阶段应考虑以下三种设计状况：

（1）持久状况。指在结构使用过程中一定出现的，且持续时间很长，一般与设计基准期为同一量级的设计状况。

（2）短暂状况。指结构施工、检修阶段或使用过程中出现的次数较少而历时较短的设计状况。

（3）偶然状况。指在结构使用过程中，出现的概率很小，持续时间很短的设计状况。

规范规定，上述三种设计状况均应进行承载能力极限状态设计。对持久状况尚应进行正常使用极限状态设计；对短暂状况根据需要进行正常使用极限状态设计；对偶然状况可以不进行正常使用极限状态设计。

水工混凝土结构设计规范对不同设计状况给出不同的设计状况系数 ψ：

持久状况　　ψ 取 1.0；

短暂状况　　ψ 取 0.9；

偶然状况　　ψ 取 0.85。

（三）荷载分项系数 γ_G、γ_Q

结构在使用期间，实际荷载仍有可能超过预定的标准值。规范在承载能力极限状态设计表达式中引入了荷载分项系数。

永久荷载设计值 G 等于永久荷载标准值 G_k 乘以永久荷载分项系数 γ_G；可变荷载设计值 Q 等于可变荷载标准值 Q_k 乘以可变荷载分项系数 γ_Q。

荷载分项系数查 DL5077—1997《水工建筑物荷载设计规范》。对《水工建筑物荷载设计规范》未规定的荷载，荷载分项系数按表 2-4。

表 2-4　　　荷载分项系数表

荷载类别	永久荷载 γ_G	可变荷载 γ_Q
荷载分项系数	1.05	1.20

注　1. 当永久作用（荷载）的效应对结构有利时，γ_G 应取为 0.95。

2. 对于某些可控制使其不超出规定限值的可变作用（荷载），如所规定的分项系数 γ_Q 小于 1.1 时，应取为 1.10。

（四）混凝土和钢筋强度分项系数 γ_c、γ_s

由于材料的离散性和不可避免的施工偏差等因素造成材料实际强度可能低于其强度标准值。水工混凝土结构设计规范在承载能力极限状态计算中引入了混凝土强度分项系数 γ_c 和钢筋强度分项系数 γ_s。

材料强度设计值等于材料强度标准值除以相应的材料强度分项系数。材料强度标准值列于附录一。混凝土强度分项系数 γ_c 取 1.35；Ⅰ级钢筋强度分项系数 γ_s 取 1.15；Ⅱ、Ⅲ、Ⅳ级钢筋，γ_s 取 1.10。

为了应用方便，SL/T191—96《水工混凝土结构设计规范》直接给出混凝土和钢筋的强度设计值，列于附录一。材料强度设计值中已隐含了材料分项系数，后面各章承载力计算公式中不再出现材料分项系数 γ_c 和 γ_s。

（五）结构系数 γ_d

结构承载能力极限状态设计，对于荷载效应计算模式的不定性、结构构件几何尺寸不定性、结构构件抗力计算模式的不定性及未考虑到的其他各种变异因素，统一由结构系数 γ_d 考虑。

SL/T191—96《水工混凝土结构设计规范》规定的结构系数 γ_d，如表 2-5 所示。

表 2-5　　承载能力极限状态计算时的结构 γ_d 值表

素混凝土结构		钢筋混凝土及预应力混凝土结构
受拉破坏	受压破坏	
2.00	1.30	1.20

注　1. 承受以永久荷载为主的构件，结构系数 γ_d 应按表中数值增加 0.05。但承受土重和土压力为主的构件可不增加。

2. 对新型结构，结构系数 γ_d 可适当提高。

二、承载力极限状态设计表达式

水工混凝土结构设计规范规定，承载力极限状态设计应考虑荷载效应的基本组合和偶然组合。

（一）基本组合

基本组合是持久状况或短暂状况下永久荷载与可变荷载效应的组合。

对于基本组合，承载能力极限状态设计表达式为：

$$\gamma_0 \psi S \leqslant \frac{1}{\gamma_d} R \qquad\qquad (2-5)$$

式中　γ_0——结构重要性系数；

ψ——设计状况系数；

S——作用（荷载）效应，由荷载设计值计算内力；

γ_d——结构系数；

R——结构抗力，结构构件截面所能承受的极限内力。

（二）偶然组合

偶然组合是偶然状况下，永久荷载、可变荷载与一种偶然荷载效应的组合。

对于偶然组合，承载能力极限状态设计表达式按下列原则确定：

（1）偶然荷载的分项系数取 1.0；

（2）参与组合的某些可变荷载，可根据各类水工建筑物设计规范作适当折减。

三、正常使用极限状态设计表达式

正常使用极限状态验算的目的是保证结构构件在正常使用条件下，裂缝宽度和挠度不超过相应的允许值。对于有不允许裂缝出现要求的构件在正常使用条件下应满足抗裂要求。

正常使用极限状态验算是在承载力满足要求的前提下进行的，其可靠度要求较低。材料强度采用标准值不用设计值，荷载用标准值不用设计值。设计状况系数 ψ 和结构系数 γ_d 均取 1.0。

水工混凝土结构正常使用极限状态验算，按荷载效应的短期组合和长期组合分别验算。

短期组合指持久状况或短暂状况下，全部可变荷载的效应与永久荷载的效应组合。

长期组合指持久状况下，可变荷载中长期作用的那部分荷载（即荷载准永久值）的效应与永久荷载的效应组合。

短期组合 $\qquad\qquad\qquad\qquad \gamma_0 S_s \leqslant C_1 \qquad\qquad\qquad\qquad (2-6)$

长期组合 $\qquad\qquad\qquad\qquad \gamma_0 S_l \leqslant C_2 \qquad\qquad\qquad\qquad (2-7)$

式中 $\quad S_s$、S_l——荷载效应短期组合及长期组合时功能函数（裂缝宽度或挠度）；

C_1、C_2——结构的功能限值（规范允许的裂缝宽度或允许挠度值）。

承载能力及正常使用极限状态设计表达式是极限状态设计的一般表达式，对各种结构而言，有具体的计算公式，后面各章分别讨论。

本书后面各章承载力计算，内力设计值（M、V、N、T）是指由荷载设计值（荷载标准值乘以相应的荷载分项系数）计算出的内力值乘以结构重要性系数 γ_0 及设计状况系数 ψ。

正常使用极限状态验算，短期组合时内力值（M_s、N_s）是由荷载标准值计算出的内力值乘以结构重要性系数 γ_0；长期组合时的内力值（M_l、N_l）是由永久荷载标准值、可变荷载准永久值（可变荷载标准值乘以对应的可变荷载长期组合系数 ρ，ρ 可参照荷载规范的规定及工程经验取用）计算出的内力值乘以结构重要性系数 γ_0。

【例 2-1】 某四级水工建筑物有一钢筋混凝土简支梁，净跨 $l_n=6.0\text{m}$，计算跨度 $l_0=6.3\text{m}$。永久荷载（包括梁自重）标准值 $g_k=12\text{kN/m}$，可变荷载标准值 $q_k=15\text{kN/m}$，荷载分项系数 $\gamma_G=1.05$，$\gamma_0=1.2$。求持久状况下梁跨中截面弯矩设计值，支座边缘截面剪力设计值。

解：永久荷载标准值 $g_k=12\text{kN/m}$

永久荷载设计值 $g=\gamma_G \cdot g_k=1.05\times12=12.6\text{kN/m}$

可变荷载标准值 $q_k=15\text{kN/m}$

可变荷载设计值 $q=\gamma_Q \cdot q_k=1.2\times15=18.0\text{kN/m}$

查表 2-2，四级水工建筑物结构安全级别为Ⅲ级，结构重要性系数 $\gamma_0=0.9$；持久状况，设计状况系数 ψ 取 1.0。由材料力学可知，简支梁在均布荷载作用下

跨中弯矩为 $\dfrac{1}{8}gl^2+\dfrac{1}{8}ql^2$

支座剪力值为 $\dfrac{1}{2}gl+\dfrac{1}{2}ql$

跨中截面弯矩设计值

$$M=\gamma_0\psi\left(\frac{1}{8}gl_0^2+\frac{1}{8}ql_0^2\right)$$

$$=0.9\times1.0\left(\frac{1}{8}\times12.6\times6.3^2+\frac{1}{8}\times18\times6.3^2\right)$$

$$=136.63\text{ kN}\cdot\text{m}$$

计算支座边缘截面剪力用净跨 l_n，支座边缘截面剪力设计值

$$V=\gamma_0\psi\left(\frac{1}{2}gl_n+\frac{1}{2}ql_n\right)$$

$$=0.9\times1.0\left(\frac{1}{2}\times12.6\times6.0+\frac{1}{2}\times18\times6.0\right)$$

$$=82.62\text{ kN}$$

本 章 小 结

1. 理解作用、作用效应 S、结构抗力 R 的含义。当 $R-S\geqslant0$，结构安全可靠。
2. 结构极限状态分承载能力极限状态和正常使用极限状态两大类。
3. 概率设计法用失效概率 P_f、可靠指标 β 度量结构的可靠度。
4.《水工混凝土结构设计规范》在设计表达式中采用五个分项系数。

习 题

1.《水利水电工程结构可靠度设计统一标准》对水工建筑物结构的设计基准期有何规定？

2. 结构的极限状态如何分类？

3. 为什么承载能力极限状态设计表达式（2-5）中没有荷载分项系数和材料强度分项系数？

4. 正常使用极限状态验算，为什么材料强度采用标准值？

第三章　钢筋混凝土受弯构件承载力计算

受弯构件是指在荷载作用下，以弯曲变形为主的构件，其内力主要有弯矩和剪力。建筑结构中，梁、板是典型的受弯构件，是工程中用量最大的一种构件。梁、板的主要区别是：梁的截面高度远大于其宽度，而板的截面高度则远小于宽度。

常见梁的截面形式有矩形和 T 形截面。在装配式构件中，为了减轻自重及增大截面惯性矩，也采用工字形、箱形和槽形等截面。板的截面有矩形实心板、空心板、槽形板等。如图 3-1。

图 3-1　梁、板的截面形式

经试验和理论分析，受弯构件的破坏有两种可能：一是由弯矩引起的破坏，破坏截面垂直于梁纵轴线，称为正截面受弯破坏，如图 3-2（a）；二是由弯矩和剪力共同作用而引起的破坏，破坏截面是倾斜的，称为斜截面破坏，如图 3-2（b）。因此，受弯构件设计时应进行正截面和斜截面两种承载力的计算。

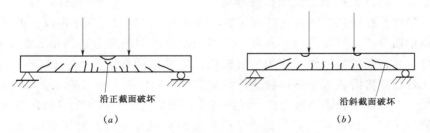

图 3-2　受弯构件沿正截面和沿斜截面破坏形式

第一节　受弯构件的破坏形态

一、受弯构件的正截面破坏特征

钢筋混凝土构件的计算理论是建立在试验基础上的。大量试验结果表明，受弯构件的破坏特征取决于配筋率、混凝土的强度等级、截面形式等因素。但以配筋率对构件破坏特征的影响最为明显，在同截面、同跨度和同样材料的梁，由于配筋率的不同，其破坏形态也将发生本质的变化。受弯构件的截面配筋率是指受拉钢筋面积与正截面有效面积的百分比，用 ρ 来表示。

$$\rho=\frac{A_s}{bh_0}$$

式中　　A_s——纵向受拉钢筋的截面面积；

　　　　b——梁的截面宽度；

　　　　h_0——梁的截面有效高度即从受拉钢筋截面重心至受压区边缘的距离。

根据配筋率 ρ 的不同，一般受弯构件正截面出现超筋、适筋、少筋三种破坏形态。

（一）超筋破坏

当构件配筋太多，即 ρ 太大时，构件则可能发生超筋破坏。其特征是受拉钢筋尚未达到屈服强度，受压区混凝土压应变达到极限压应变而被压碎，构件破坏。破坏前裂缝开展不宽，梁挠度不大如图 3-3（a），无明显预兆，破坏突然，属脆性破坏。

这种梁配筋量虽多，但材料强度未得到充分发挥，实际工程设计中不允许采用超筋梁。

（二）适筋破坏

当构件配筋量适中时，试验表明，梁的受力从加载到破坏，正截面的应力应变不断变化，整个过程经历了三个阶段。

第Ⅰ阶段：荷载很小，变形也很小，压区一直呈现弹性，拉区开始呈弹性，最后显示塑性，钢筋的应力一直都很小，整个阶段构件未出现裂缝，称为未裂阶段，此阶段的极限是抗裂计算的依据。第Ⅱ阶段：随着荷

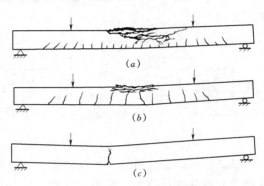

图 3-3　梁正截面破坏形式
（a）超筋破坏；（b）适筋破坏；（c）少筋破坏

载的增大，构件在拉区边缘薄弱处首先开裂，即进入第二阶段。由于混凝土的开裂，拉力基本上都由钢筋承担，当荷载增大到某一值时，受拉区钢筋应力达到屈服强度 f_y，整个过程中构件都是带裂缝而工作，称为裂缝阶段。此阶段的弯矩为 M_y（屈服弯矩），此阶段是进行正常使用极限状态变形、裂缝开展宽度验算的依据。第Ⅲ阶段：当钢筋屈服后，钢筋应变加大，迫使中和轴迅速上移，压区减小，压应力增大，直到受压区混凝土发生纵向水平裂缝被压碎，梁告破坏，称为破坏阶段。此阶段是受弯构件正截面承载力计算的依据。

适筋破坏特征是钢筋先屈服，压区混凝土应变达到极限压应变被压碎，构件即告破坏见图 3-3（b）。整个过程产生很大的塑性变形，引起了较大的裂缝，有明显预兆，属塑性破坏。

（三）少筋破坏

当梁内配筋过少（ρ 很小）时，则可能形成少筋破坏。其特征是梁一旦开裂，裂缝截面混凝土即退出工作，拉力转由钢筋承担，从而使钢筋应力突增，并很快达到屈服强度，进入强化阶段，导致很大的裂缝和变形使构件破坏如图 3-3（c）。虽然受压区混凝土还未压碎，但对于一般的板、梁实际上已不能使用。少筋梁破坏是突然的，属脆性破坏，其

承载力很低，取决于混凝土抗拉强度，工程设计中应避免设计成少筋梁。

综上所述，受弯构件正截面的破坏特征，随配筋量的不同而变化，其规律是：①配筋量太少时，破坏弯矩接近于混凝土开裂时弯矩，大小取决于混凝土的抗拉强度及截面大小；②配筋量过多时，配筋不能充分发挥作用，破坏弯矩取决于混凝土的抗压强度及截面尺寸大小，破坏呈脆性；③合理的配筋量应在这两个限度之间，避免发生超筋和少筋的破坏情况。因此，在正截面受弯承载力计算时，取用适筋梁的受力过程作为计算公式推导的依据。

二、受弯构件的斜截面受剪破坏形态

一般把只产生弯矩的区段称为纯弯段，在纯弯段内构件沿正截面破坏；既有弯矩又有剪力的区段称为剪弯段，在剪弯段内，构件将产生斜裂缝，沿斜截面破坏。

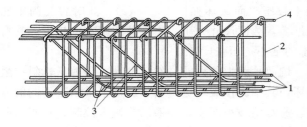

图 3-4 梁钢筋骨架

1—纵筋；2—箍筋；3—斜筋（弯起钢筋）；4—架立筋

为了避免受弯构件沿斜截面破坏，保证斜截面承载力，梁应具有合理的截面尺寸、材料；配置适当的抗剪钢筋，即腹筋。腹筋包括箍筋和弯起钢筋（又称斜筋），箍筋一般与梁轴线垂直，斜筋则由正截面抗弯的纵向钢筋直接弯起而成，腹筋、纵向钢筋和架立钢筋构成刚劲的钢筋骨架（图 3-4）。有箍筋、弯筋和纵筋的梁称为有腹筋梁；无箍筋和弯筋，但有纵向受力钢筋的梁称为无腹筋梁。

试验表明，影响斜截面承载力的因素很多，如截面尺寸大小、混凝土的强度等级、荷载种类、剪跨比 λ（$\lambda = a/h_0$）和配箍率 ρ_{sv}、纵筋的多少，支承条件等。配箍率 ρ_{sv} 反映了箍筋配置量的多少。

$$配箍率 \qquad \rho_{sv} = \frac{A_{sv}}{bs}$$

式中　s——箍筋沿梁轴向间距；

A_{sv}——设置在同一截面内箍筋的面积。若单肢箍筋面积为 A_{sv1}，肢数为 n 时，

$A_{sv} = nA_{sv1}$。

试验表明，受弯构件斜截面的破坏形态随影响因素的不同而不同，但主要有下列三种破坏形态（图 3-5）

（一）斜拉破坏

在剪弯段内，斜裂缝一旦出现，便迅速向集中荷载作用点延伸，形成临界裂缝，直至整个截面裂通，使梁斜拉为两部分而破坏见图 3-5（a）。其破坏特点：整个破坏过程迅速而突然，往往只有一条裂缝，主要发生在无腹筋或腹筋很少，且集中力至支座的距离较大的梁

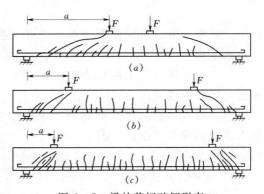

图 3-5 梁的剪切破坏形态

（a）斜拉破坏；（b）剪压破坏；（c）斜压破坏

中（即剪跨比较大），发生此破坏的梁抗剪能力 V_u 主要取决于混凝土的抗拉强度 f_t。

（二）剪压破坏

在剪弯段内，先出现垂直裂缝和几根微细的斜裂缝。随着荷载的增加，其中一根形成临界裂缝，临界裂缝向荷载作用点缓慢发展，但仍能保留一定的压区混凝土截面不裂通，与临界裂缝相交的箍筋相继屈服，直到临界裂缝顶端的混凝土在压应力和剪应力作用下，被压碎而破坏如图 3-5 (b)。其破坏特点：破坏过程缓慢，多出现在腹筋配置适当，集中荷载作用点到支座距离适中的梁。这种梁的抗剪能力 V_u 取决于剪压区混凝土压应力和剪应力的复合强度。《规范》规定斜截面承载力计算以剪压破坏形态为计算依据。

（三）斜压破坏

在剪弯段中，靠近支座的梁腹部首先出现若干条大致平行的斜裂缝，梁腹被分隔成若干个倾斜的受压柱，最后梁腹中的混凝土被压碎而破坏如图 3-5 (c)，此时腹筋尚未屈服。破坏特点：破坏多发生在腹筋配置过多，截面尺寸太小，集中荷载距支座较近的受弯构件中。其抗剪承载力 V_u 取决于混凝土的轴心抗压强度 f_c。

上述三种破坏形态，就承载力而言，抗剪承载力最大的是斜压，其次是剪压，斜拉最小。就破坏性质而言，三者均属脆性破坏，其中斜拉破坏更为明显。规范采用了不同的方法来保证斜截面承载力，对于斜拉破坏，通常用最小配箍率和箍筋构造来控制；对于斜压破坏，用限制截面尺寸的条件来控制；对于剪压破坏则通过斜截面的抗剪承载力计算来控制。

第二节　矩形截面受弯构件正截面承载力

矩形截面通常分为单筋矩形截面和双筋矩形截面两种形式。仅在受拉区配置纵向受力钢筋的截面称为单筋矩形截面如图 3-6 (a)；受拉区和受压区都配置纵向受力钢筋的截面称为双筋截面如图 3-6 (b)。

一、单筋矩形截面正截面承载力计算

（一）基本假定

（1）平面假定：梁受力变形后，截面仍保持平面。

（2）不考虑受拉区混凝土参与工作，拉力全部由钢筋承担。

（3）受压区混凝土的应力应变关系采用理想化的应力应变曲线（图 3-7）。

（4）对有明显屈服点的钢筋的应力应变曲线简化为理想的弹塑性曲线（图 3-8）。

（二）基本公式

1. 计算应力图形

受弯构件正截面承载力的计算，采用的是适筋梁第三阶段末的应力图形。经基本假定和等效矩形应力图形的简化，可得其承载力计算应力图形如图 3-9 所示。

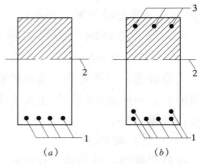

图 3-6　截面配筋形式

(a) 单筋截面；(b) 双筋截面

1—受拉钢筋；2—中和轴；3—受压钢筋

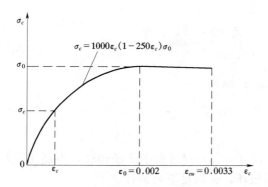

图 3-7 混凝土的 σ_c—ε_c 设计曲线

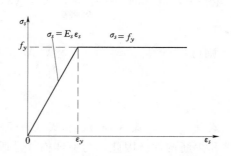

图 3-8 钢筋的 σ_s—ε_s 设计曲线

2. 基本公式

根据计算应力图形，由平衡条件可得：

$$\sum X = 0 \qquad f_c b x = f_y A_s \qquad (3-1)$$

$$\sum M_{A_s} = 0 \qquad M_u = f_c b x \left(h_0 - \frac{x}{2} \right)$$

$$(3-2)$$

根据承载能力极限状态的设计要求：

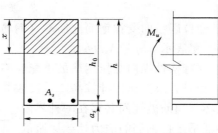

图 3-9 单筋矩形截面受弯构件正截面承载力计算图形

$$M \leqslant \frac{1}{\gamma_d} M_u$$

即 $$M \leqslant \frac{1}{\gamma_d} \left[f_c b x \left(h_0 - \frac{x}{2} \right) \right] \qquad (3-3)$$

式中　M——弯矩设计值，按承载能力极限状态荷载效应组合计算，并考虑结构重要性系数 γ_0 及设计状态系数 ψ 在内；

M_u——截面能承担的极限弯矩值；

γ_d——结构系数，受弯构件正截面承载力计算时，按表 2-5 取用；

f_c——混凝土轴心抗压强度设计值，按附录一表 2 取用；

b——矩形截面宽度；

x——混凝土受压区计算高度；

h_0——截面有效高度，$h_0 = h - a_s$，h 为截面高度，a_s 为纵向受拉钢筋合力点至截面受拉边缘的距离；

f_y——钢筋抗拉强度设计值，按附录一表 6 取用；

A_s——受拉区纵向钢筋截面面积。

a_s 值可由混凝土保护层最小厚度 c（查附录三表 1）和钢筋直径 d 计算得出。钢筋单排布置时，$a_s = c + d/2$；钢筋双排布置时，$a_s = c + d + e/2$，其中 e 为两排钢筋的净距，取值见图 3-31 及构造要求。

利用基本公式（3-1）和式（3-3）计算时，一般比较麻烦。为了计算简便起间，将式（3-1）及式（3-3）改写如下：

将 $\xi=x/h_0$（即 $x=\xi h_0$）代入式（3-1）、式（3-3），并令

$$\alpha_s=\xi(1-0.5\xi) \tag{3-4}$$

则可得

$$M\leqslant\frac{1}{\gamma_d}(\alpha_s f_c bh_0^2) \tag{3-5}$$

$$f_c\xi bh_0=f_y A_s \tag{3-6}$$

3. 适用条件

式（3-1）、式（3-3）和式（3-5）、式（3-6）仅适用于适筋构件，不适用于超筋构件和少筋构件。因此，为保证构件是适筋破坏，应满足下列条件：

$$x\leqslant\xi_b h_0 \tag{3-7}$$

$$\rho\geqslant\rho_{min} \tag{3-8}$$

式中 ρ——受拉区纵向受拉钢筋配筋率（钢筋截面面积与截面有效面积的比值，以百分率表示），$\rho=A_s/bh_0$；

ρ_{min}——受弯构件纵向受拉钢筋最小配筋率，一般梁、板可按附录三表3取用；

ξ_b——相对界限受压区计算高度，按表3-1取用。

适筋破坏与超筋破坏间必存在一种界限破坏，其特征是受拉钢筋的应力达到屈服的同时，受压区混凝土边缘的压应变达到极限压应变而破坏。此时的相对受压区高度即为 ξ_b，是适筋破坏与超筋破坏相对受压区高度的界限值，常用热轧钢筋的 ξ_b 值见表3-1。

表3-1　　　ξ_b 值（热轧钢筋）

钢筋级别	Ⅰ级	Ⅱ级	Ⅲ级	Ⅳ级
ξ_b	0.614	0.544	0.518	0.455
$\alpha_{sb}=\xi_b(1-0.5\xi_b)$	0.426	0.396	0.384	0.351

式（3-7）是为了防止配筋过多而发生超筋破坏；式（3-8）是为防止配筋过少而发生少筋破坏。

若将 $x=\xi_b h_0$ 代入式（3-2）可得单筋矩形截面梁所能承担的最大弯矩 M_{umax} 为：

$$M_{umax}=f_c bh_0^2\xi_b(1-0.5\xi_b)=\alpha_{sb} f_c b h_0^2 \tag{3-9}$$

式中 α_{sb} 是对应于 ξ_b 的，当 $\xi=\xi_b$ 时，$\alpha_s=\alpha_{sb}=\xi_b(1-0.5\xi_b)$，对于热轧钢筋 α_{sb} 的值见表3-1。

（三）实用设计计算

受弯构件正截面承载力计算，按已知条件分为截面设计和承载力校核两类。

1. 截面设计

截面设计任务：①根据建筑物的使用要求、外荷载的大小，选用材料，确定构件的截面尺寸 b、h；②计算受拉钢筋面积（又称为配筋计算）。

（1）截面尺寸选定。截面尺寸可凭设计经验或参考类似的结构而定，但应满足构造要求（见第五节）。在设计中，截面尺寸的选择可能有多种，截面尺寸选得大，配筋率 ρ 就小，截面尺寸选得小，ρ 就大。从经济方面考虑，截面尺寸的选择，应使求得的配筋率 ρ 处在常用配筋率范围之内。对于梁和板常用配筋率范围为：

板　　　　　　　　　　　0.4% ～ 0.8%；

矩形截面梁　　　　　　　0.6% ～ 1.5%；

T形截面梁　　　　　　　0.9% ～ 1.8%（相对于梁肋来讲）。

（2）配筋计算。受弯构件正截面配筋设计计算步骤如下：

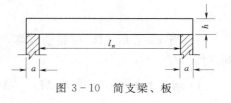

图 3-10　简支梁、板

（1）作出板或梁的计算简图。一般在计算简图中应反映出支座的情况、荷载大小和计算跨度。对于图 3-10 简支板、梁的计算跨度 l_0 可取下列各 l_0 值的较小者。

实心板　　　　　　　　　$l_0 = l_n + a$

　　　　　　　　　　　　$l_0 = l_n + h$

　　　　　　　　　　　　$l_0 = 1.1 l_n$

空心板和简支梁　　　　　$l_0 = l_n + a$

　　　　　　　　　　　　$l_0 = 1.05 l_n$

式中　l_n——板或梁的净跨度；

　　　a——板或梁的支承宽度；

　　　h——板的厚度。

（2）内力计算。按照力学的方法来计算内力。但在计算内力时应考虑荷载（永久荷载和可变荷载）的组合问题。

（3）配筋计算。

1）由式（3-5）、式（3-4）计算 α_s、ξ。

$$\alpha_s = \frac{\gamma_d M}{b h_0^2 f_c}; \qquad \xi = 1 - \sqrt{1 - 2\alpha_s}$$

2）验算 ξ，并计算 ρ。

当 $\xi > \xi_b$ 时，属超筋，应加大截面尺寸，或提高混凝土的强度等级，或改用双筋矩形截面；$\xi \leqslant \xi_b$ 时，计算 ρ，$\rho = \xi f_c / f_y$。

3）检验 ρ，并计算 A_s。

当 $\rho \geqslant \rho_{min}$ 时，$A_s = \rho b h_0$；当 $\rho < \rho_{min}$ 时，取 $A_s = \rho_{min} b h_0$。

4）选配钢筋，画截面配筋图。

注意：按附录二，选择钢筋直径、根数时，要求实际配的钢筋截面面积，一般应等于或略大于计算所需的钢筋截面面积；若小于计算截面面积，则相对差值应不超过 5%。梁、板的设计，除按上述公式计算外，还要考虑诸如梁、板的尺寸，材料、配筋等构造要求（见第五节）。

2．承载力复核

已知构件截面尺寸（b、h），受拉钢筋截面面积 A_s，材料设计强度 f_c、f_y，要求复核构件正截面承载力。

复核步骤如下：

1）计算 ρ，$\rho = A_s / bh_0$。

2）当 $\rho < \rho_{\min}$ 时，属少筋破坏，应减小截面尺寸，或混凝土强度等级，重新计算；当 $\rho \geqslant \rho_{\min}$ 时，计算 x。

$$x = \frac{f_y A_s}{f_c b}$$

3）当 $x > \xi_b h_0$ 时，属超筋破坏，取 $x = \xi_b h_0$，此时 $M_u = M_{u\max} = \alpha_b bh_0^2 f_c$；当 $x \leqslant \xi_b h_0$ 时，$M_u = f_c bx (h_0 - x/2)$。

4）承载力复核：   当 $M \leqslant \dfrac{1}{\gamma_d} M_u$ 满足承载力要求

当 $M > \dfrac{1}{\gamma_d} M_u$ 不满足承载力要求

【例 3-1】 某 3 级建筑物（安全等级为 II 级）的简支梁，处于二类环境条件，结构计算简图和尺寸如图 3-11，在持久设计状况下承受均布永久荷载 $g_k = 3\text{kN/m}$，均布可变荷载 $q_k = 6.5\text{kN/m}$，采用 C20 混凝土，II 级钢筋，试计算该截面所需的钢筋截面面积。

解：

（1）资料。由附录一表 2 和表 6 查得 $f_c = 10\text{N/mm}^2$，$f_y = 310\text{N/mm}^2$；由表 2-2，3 级建筑物的结构安全等级为 II 级，$\gamma_0 = 1.0$，持久状况 $\psi = 1.0$；由表 2-4 查得 $\gamma_G = 1.05$，$\gamma_Q = 1.20$；由表 2-5 查得 $\gamma_d = 1.20$。

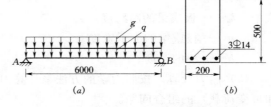

图 3-11 梁的计算简图及截面配筋图

（2）跨中弯矩设计值。

$$M = \gamma_0 \psi \left[\frac{1}{8} (\gamma_G g_k + \gamma_Q q_k) l_0^2 \right]$$

$$= 1.0 \times 1.0 \times \left[\frac{1}{8} (1.05 \times 3 + 1.2 \times 6.5) \times 6^2 \right]$$

$$= 49.28 \text{ kN} \cdot \text{m}$$

（3）配筋计算。保护层（二类环境条件）取 $c = 35\text{mm}$，估计排单排，取 $a_s = 45\text{mm}$，则截面的有效高度 $h_0 = 500 - 45 = 455\text{mm}$。

$$\alpha_s = \frac{\gamma_d M}{f_c bh_0^2} = \frac{1.20 \times 49.28 \times 10^6}{10 \times 200 \times 455^2} = 0.143$$

$$\xi = 1 - \sqrt{1 - 2\alpha_s} = 1 - \sqrt{1 - 2 \times 0.143} = 0.155 < \xi_b = 0.544$$

$$A_s = \frac{f_c \xi bh_0}{f_y} = \frac{10 \times 0.155 \times 200 \times 455}{310} = 455 \text{ mm}^2$$

$$\rho = \frac{A_s}{bh_0} = \frac{455}{200 \times 455} = 0.5\% > \rho_{\min} = 0.15\%$$

查附录二表 1，选配 3 ⏀ 14（$A_s = 462\text{mm}^2$），截面配筋如图 3-11（b）。

【例 3-2】 如图 3-12 为一矩形渡槽，属 3 级建筑物，采用 C25 混凝土，I 级钢筋，试计算矩形渡槽槽身立板所需的钢筋面积。

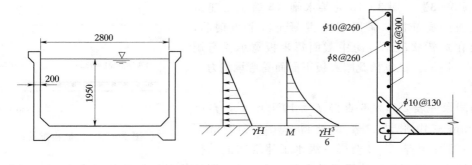

图 3-12　渡槽断面图、计算简图、内力图及配筋图

解：

（1）资料。渡槽槽身各部尺寸如图 3-12 所示。侧板受 1.95m 水压力作用。侧板与底板整体浇筑，计算时可将立板简化为固定在底板上的悬臂板，承受三角形分布的水压力。

槽内水位以满槽计算，故水压力为可控制的可变荷载，按水工混凝土结构设计规范，可控制的可变荷载 $\gamma_Q = 1.10$；3 级建筑物，结构安全级别为 II 级，故结构的重要性系数 $\gamma_0 = 1.0$；设计状况为运用期持久状况，$\psi = 1.0$。

查附录一表 2 和表 6 得 $f_c = 12.5\ \text{N/mm}^2$，$f_y = 210\ \text{N/mm}^2$。

（2）内力计算。取 1m 板宽计算，即 $b = 1000\text{mm}$，计算简图如图 3-12 所示。

立板底面最大弯矩设计值为：

$$M = \gamma_0 \psi \gamma_Q \left(\frac{1}{6} \gamma H^3 \right) = 1.0 \times 1.0 \times 1.1 \times \frac{1}{6} \times 10 \times 1.95^3 = 13.59\ \text{kN} \cdot \text{m}$$

式中　γ 为水的重力密度，$\gamma = 10\text{kN/m}^3$。

（3）配筋计算。

渡槽的工作环境处于露天，长期通水，属二类环境条件 $c = 35\text{mm}$，取 $a_s = 40\text{mm}$，$h_0 = h - a_s = 200 - 40 = 160\text{mm}$。

$$\alpha_s = \frac{\gamma_d M}{f_c b h_0^2} = \frac{1.2 \times 13.59 \times 10^6}{12.5 \times 1000 \times 160^2} = 0.051$$

$$\xi = 1 - \sqrt{1 - 2\alpha_s} = 1 - \sqrt{1 - 2 \times 0.051} = 0.052 < \xi_b = 0.614$$

$$\rho = \xi \frac{f_c}{f_y} = 0.052 \times \frac{12.5}{210} = 0.31\% > \rho_{\min} = 0.15\%$$

$$A_s = \rho b h_0 = 0.31\% \times 1000 \times 160 = 496\ \text{mm}^2$$

选配钢筋：查附录二表 2，选 $\phi 8/10@130$（$A_s = 495\ \text{mm}^2$）。

渡槽立板底部弯矩最大，所需钢筋最多，往上弯矩逐渐减小，需要的钢筋相应也就少了。本例可在立板一半处将钢筋一部分截断一次，余下的钢筋直通到立板顶部。截断的钢筋应保证锚固长度要求。

在受力筋的内侧，垂直受力筋配置 $\phi 6@300$ 的分布筋。在转角处加设 $250\text{mm} \times 250\text{mm}$ 的贴角，沿其表面布置 $\phi 10@130$ 的构造钢筋，具体布置见图 3-12。

【例 3-3】 图 3-13 为某水闸（3 级水工建筑物）底板的配筋图。采用 C20 混凝土，Ⅰ级钢筋；该底板在短暂状况下，跨中截面每米板宽承受弯矩 $M=600\text{kN}\cdot\text{m}$。试复核此闸底板正截面受弯承载力。

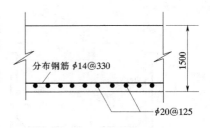

图 3-13　闸底板配筋图

解：

由附录一表 2 和表 6 查得 $f_c=10\text{N/mm}^2$，$f_y=210\text{N/mm}^2$；由附录二表 2 查得 $A_s=2513\text{ mm}^2$（$\phi20@125$）；由表 2-2 查得 3 级水工建筑物的结构安全级别为 Ⅱ 级，故结构重要性系数 $\gamma_0=1.0$；短暂状况的设计状况系数 $\psi=0.95$；结构系数 $\gamma_d=1.20$。

底板混凝土保护层厚度 $c=40\text{mm}$，则 $a_s=c+d/2=40+20/2=50\text{mm}$，$h_0=h-a_s=1500-50=1450\text{mm}$。闸底为整体现浇板，取 $b=1000\text{mm}$。

$$\rho=\frac{A_s}{bh_0}=\frac{2513}{1000\times1450}=0.173\%>\rho_{\min}=0.15\%$$

$$\xi=\frac{f_yA_s}{f_cbh_0}=\frac{210\times2513}{10\times1000\times1450}=0.036<\xi_b=0.614$$

$$M_u=f_cbh_0^2\xi(1-0.5\xi)=10\times1000\times1450^2\times0.036\times(1-0.5\times0.036)\times10^{-6}$$
$$=743.28\ (\text{kN}\cdot\text{m})$$

实际承受弯矩 $M=600\text{kN}\cdot\text{m}<M_u/\gamma_0\gamma_d\psi=743.28/1\times1.2\times0.95=652\ (\text{kN}\cdot\text{m})$ 满足要求。

二、双筋矩形截面正截面承载力计算

双筋截面一般在下面几种情况下采用：

1）当梁承受弯矩较大，即 $M>M_{u\max}$，且截面尺寸及混凝土强度等级受到限制不宜改变时；

2）在不同的荷载组合下，构件可能承受异号弯矩的作用；

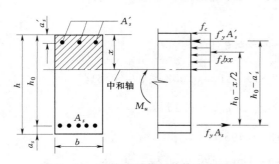

图 3-14　双筋矩形截面计算应力图形

3）结构或构件因构造需要，在截面受压区已预先配置了一定数量的钢筋。在抗震地区，一般宜配置受压钢筋。

双筋截面梁可以有效地提高构件的承载力，延性好，但耗钢量大，不经济，施工麻烦，设计时一般慎用。

（一）**基本公式**

（1）计算应力图形。双筋矩形截面正截面承载力计算应力图形见图 3-14。

为保证受压钢筋达到设计强度，受压区高度应满足 $x\geqslant2a_s'$，此时钢筋抗压强度设计值 f_y' 按下列规定采用：对于 Ⅰ、Ⅱ、Ⅲ 级钢筋，取抗压强度设计值 $f_y'=f_y$（$f_y\leqslant400\text{N/mm}^2$）；对于高强度钢筋（$f_y>400\text{N/mm}^2$），则取 $f_y'=400\text{N/mm}^2$。因此，受压钢筋不易用高强度钢筋。

（2）基本公式。

由平衡条件得：

$$\sum X = 0 \qquad f_c bx + f'_y A'_s = f_y A_s \qquad (3-10)$$

$$\sum M_{As} = 0 \qquad M_u = f_c bx \left(h_0 - \frac{x}{2}\right) + f'_y A'_s (h_0 - a'_s)$$

$$= \alpha_s bh_0^2 f_c + f'_y A'_s (h_0 - a'_s) \qquad (3-11)$$

承载力要求：

$$M \leqslant \frac{1}{\gamma_d} M_u$$

$$M \leqslant \frac{1}{\gamma_d} [\alpha_s bh_0^2 f_c + f'_y A'_s (h_0 - a'_s)] \qquad (3-12)$$

（3）适用条件。

1）避免发生超筋破坏：$\xi \leqslant \xi_b$ 或 $x \leqslant \xi_b h_0$。

2）保证受压钢筋应力达到抗压强度：$x \geqslant 2a'_s$。

3）当 $x < 2a'_s$ 时，构件破坏时受压钢筋的应力达不到 f'_y，《规范》规定取 $x = 2a'_s$，即假定受压钢筋合力点与混凝土压应力的合力点重合，按下式计算：

$$\sum M_{A'_s} = 0 \qquad M \leqslant \frac{1}{\gamma_d} [f_y A_s (h_0 - a'_s)] \qquad (3-13)$$

对于双筋截面受拉钢筋一般均能满足最小配筋率的要求，可不进行验算。

（二）实用设计计算

1. 截面设计

双筋截面的设计一般有两种情况。

（1）第一种情况（A_s、A'_s 均未知）。已知弯矩设计值 M、截面尺寸 $b \times h$、混凝土和钢筋的强度等级，求受拉钢筋和受压钢筋的截面面积 A_s、A'_s。

计算步骤如下：

1）先验算是否需配置受压钢筋：

$$\alpha_s = \frac{\gamma_d M}{f_c bh_0^2} \rightarrow \xi = 1 - \sqrt{1 - 2\alpha_s} \rightarrow \begin{cases} \xi \leqslant \xi_b & \text{按单筋矩形截面进行配筋计算} \\ \xi > \xi_b & \text{按双筋矩形截面进行配筋计算} \end{cases}$$

2）$\xi > \xi_b$ 按双筋截面设计计算。此时，根据充分利用受压区混凝土抗压，使总用钢量（$A_s + A'_s$）最小的原则，取 $\xi = \xi_b$，即 $\alpha_s = \alpha_{sb}$。

3）按式（3-12）和式（3-10）求钢筋面积 A'_s、A_s：

$$A'_s = \frac{\gamma_d M - \alpha_{sb} f_c bh_0^2}{f'_y (h_0 - a'_s)}$$

$$A_s = \frac{1}{f_y} (f_c \xi_b bh_0 + f'_y A'_s)$$

（2）第二种情况（A'_s 已知，A_s 未知）。已知弯矩设计值 M、截面尺寸 $b \times h$、混凝土和钢筋的强度等级、受压钢筋截面面积 A'_s，求受拉钢筋的截面面积 A_s。

计算步骤如下：

1) 由式（3-11）计算 α_s、ξ；

$$\alpha_s = \frac{\gamma_d M - f'_y A'_s (h_0 - a'_s)}{f_c b h_0^2}$$

$$\xi = 1 - \sqrt{1 - 2\alpha_s}$$

2) 验算 ξ 并计算 x；

若 $\xi > \xi_b$，说明已配置受压钢筋 A'_s 数量不足，应增加其数量，此时按第一种情况重新计算 A'_s 和 A_s。

若 $\xi \leqslant \xi_b$，则计算 x；　　　　　　　　$x = \xi h_0$

3) 验算 $x \geqslant 2a'_s$，并计算 A_s；

若 $x \geqslant 2a'_s$，　则　　　　$A_s = \frac{1}{f_y}(f_c b x + f'_y A'_s)$

若 $x < 2a'_s$，　则　　　　$A_s = \frac{\gamma_d M}{f_y (h_0 - a'_s)}$

2. 承载力复核

已知截面尺寸 $b \times h$、混凝土和钢筋的强度等级、受压钢筋和受拉钢筋截面面积 A'_s、A_s，复核正截面受弯承载力。

其步骤：先由公式（3-10）计算受压区高度 x

$$x = \frac{A_s f_y - A'_s f'_y}{f_c b}$$

（1）$x > \xi_b h_0$，发生超筋破坏。取 $\xi = \xi_b$，即 $\alpha_s = \alpha_{sb}$，此时

$$M_u = \alpha_{sb} b h_0^2 f_c + A'_s f'_y (h_0 - a'_s)$$

（2）$x \leqslant \xi_b h_0$，发生适筋破坏。此时

若 $x < 2a'_s$，　则　$M_u = A_s f_y (h_0 - a'_s)$

若 $x \geqslant 2a'_s$，　则　$M_u = f_c b x (h_0 - x/2) + f'_y A'_s (h_0 - a'_s)$

（3）复核条件：　　　　$M \leqslant \frac{1}{\gamma_d} M_u$　　　满足要求

$$M > \frac{1}{\gamma_d} M_u \qquad 不满足要求$$

【例 3-4】　已知某工作桥上的纵梁为矩形截面简支梁，结构安全等级为Ⅱ级，截面 $b \times h = 250\text{mm} \times 500\text{mm}$，计算跨度 $l_0 = 6\text{m}$，使用期间承受均布荷载，荷载设计值 $g = 42\text{kN/m}$，采用 C20 混凝土，Ⅱ级钢筋，试配置钢筋。

解：

资料：$\gamma_0 = 1.0$，$\psi = 1.0$，$f_c = 10\text{N/mm}^2$，$f_y = 310\text{N/mm}^2$，$\gamma_d = 1.2$。

（1）计算弯矩设计值 M：

$$M = \gamma_0 \psi \cdot \frac{1}{8} g l_0^2 = 1.0 \times 1.0 \times \frac{1}{8} \times 42 \times 6^2 = 189 \text{ kN} \cdot \text{m}$$

（2）验算是否需要配双筋：因弯矩较大，估计受拉钢筋要排成两排，取 $a_s = 70\text{mm}$，则 $h_0 = h - a_s = 500 - 70 = 430\text{mm}$。

$$\alpha_s = \frac{\gamma_d M}{f_c b h_0^2} = \frac{1.2 \times 189 \times 10^6}{10 \times 250 \times 430^2} = 0.491 > \alpha_{\not b} = 0.396 \, (查表\,3-1)$$

因 $\alpha_s > \alpha_{\not b}$，即 $\xi > \xi_b$，故须按双筋截面配筋。

（3）按式（3-12）计算受压钢筋截面面积 A'_s：

为了充分利用混凝土的抗压强度，取 $\alpha_s = \alpha_{\not b}$，即 $\xi = \xi_b$，查表（3-1）对于 Ⅱ 级钢 $\xi_b = 0.544$，$\alpha_{\not b} = 0.396$。受压钢筋排为单排，取 $a'_s = 45$mm，$f'_y = 310$N/mm^2。

$$
\begin{aligned}
A'_s &= \frac{\gamma_d M - f_c \alpha_{\not b} b h_0^2}{f'_y (h_0 - a'_s)} \\
&= \frac{1.2 \times 189 \times 10^6 - 10 \times 0.396 \times 250 \times 430^2}{310 \times (430 - 45)} \\
&= 366.6 \, (mm^2)
\end{aligned}
$$

（4）按式（3-10）计算受拉钢筋截面面积 A_s：

$$
\begin{aligned}
A_s &= \frac{1}{f_y}(f_c \xi_b b h_0 + f'_y A'_s) \\
&= \frac{10 \times 0.544 \times 250 \times 430 + 310 \times 366.6}{310} \\
&= 2253 \, (mm^2)
\end{aligned}
$$

（5）钢筋配置：受拉钢筋选配 6 Φ 22（$A_s = 2281$mm^2），受压钢筋选配 2 Φ 16（$A'_s = 402$mm^2），截面配筋图见图 3-15。

【例 3-5】 上例简支梁，若在受压区已配置受压钢筋 3 Φ 20（$A'_s = 942$mm^2），试求受拉钢筋截面面积 A_s。

解：

由上例知 $a'_s = 45$mm，$h_0 = 430$mm。

$$
\begin{aligned}
\alpha_s &= \frac{\gamma_d M - f'_y A'_s (h_0 - a'_s)}{f_c b h_0^2} \\
&= \frac{1.2 \times 189 \times 10^6 - 310 \times 942 \times (430 - 45)}{10 \times 250 \times 430^2} \\
&= 0.247
\end{aligned}
$$

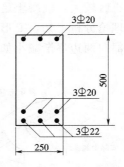

图 3-15 截面配筋图   图 3-16 截面配筋图

$$\xi = 1 - \sqrt{1 - 2\alpha_s} = 1 - \sqrt{1 - 2 \times 0.247} = 0.289 < \xi_b = 0.544$$

$$x = \xi h_0 = 0.289 \times 430 = 124.27 \text{ mm} > 2a'_s = 2 \times 45 = 90 \text{ mm}$$

$$A_s = \frac{f_c b x + A'_s f'_s}{f_y} = \frac{10 \times 250 \times 124.27 + 942 \times 310}{310} = 1944 \text{ mm}^2$$

选配钢筋：3 $\underline{\Phi}$ 20＋3 $\underline{\Phi}$ 22 ($A_s = 2082 \text{ mm}^2$)，如图 3-16。

第三节　T形截面受弯构件正截面承载力

一、概述

矩形截面受弯构件，具有构造简单，施工方便等优点，但在受弯构件正截面承载力计算中，受拉区混凝土开裂不参加工作，未能发挥作用。如果在保证受拉钢筋布置和截面受剪承载力的前提下，将受拉区混凝土去掉一部分，并将纵向受拉钢筋布置的集中一些，就形成了 T 形截面，如图 3-17。这样并不降低构件的受弯承载力，却能节省混凝土，减轻自重。

T 形梁由梁肋和位于受压区的翼缘两部分组成。若翼缘位于受压区，压区为 T 形，则按 T 形截面梁计算；若翼缘位于受拉区的倒 T 形截面，受拉后翼缘混凝土开裂不受力，压区为矩形，则按矩形截面梁计算。实际上，工字形、Π 形、空心形等截面（如图 3-18），它们的受压区与 T 形截面相同，均可按 T 形截面计算。

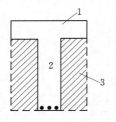

图 3-17　T形截面

1—翼缘；2—梁肋；3—去掉混凝土

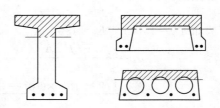

图 3-18　T形截面的几种形式

T 形截面受压区较大，混凝土足够承担压力，不需加受压钢筋，一般都是单筋截面。

根据试验和理论分析可知，T 形截面受力后，压应力沿翼缘宽度的分布是不均匀的，压应力由梁肋中部向两边逐渐减小如图 3-19（a）。实际计算时，为了简化计算，假定翼

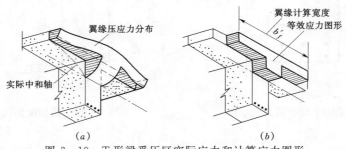

图 3-19　T形梁受压区实际应力和计算应力图形

缘一定宽度范围内，承受均匀压应力，这个范围内的翼缘宽度称为翼缘计算宽度，用 b'_f 表示，这个范围以外的翼缘则认为不参加工作如图 3-19 (b)。

　　翼缘计算宽度 b'_f 与梁的工作情况（整体肋形梁或独立梁）、梁的计算跨度 l_0、翼缘高度 h'_f 等因素有关。《规范》中规定的翼缘计算宽度 b'_f 见表 3-2（表中符号见图 3-20），计算时，取表中各项的最小值。

表 3-2　　　　　　　　　　　T 形及倒 L 形截面受弯构件翼缘计算宽度

项 次	考 虑 情 况		T 形 截 面		倒 L 形截面
			肋形梁（板）	独立梁	肋形梁（板）
1	按计算跨度 l_0 考虑		$l_0/3$	$l_0/3$	$l_0/6$
2	按梁（肋）净距 s_n 考虑		$b+s_n$	—	$b+s_n/2$
3	按翼缘高度 h'_f 考虑	当 $h'_f/h_0 \geqslant 0.1$	—	$b+12h'_f$	—
		当 $0.05 \leqslant h'_f/h_0 < 0.1$	$b+12h'_f$	$b+6h'_f$	$b+5h'_f$
		当 $h'_f/h_0 < 0.05$	$b+12h'_f$	b	$b+5h'_f$

注　1. 表中 b 为梁的腹板宽度。
　　2. 如肋形梁在梁跨内设有间距小于纵肋间距的横肋时，则可不遵守表中项次 3 的规定。
　　3. 对于加腋的 T 形和倒 L 形截面，当受压区加腋的高度 $h_h \geqslant h'_f$ 时，且加腋的宽度 $b_h \leqslant 3h_h$ 时，则其翼缘计算宽度可按表中项次 3 的规定分别增加 $2b_h$（T 形截面）和 b_h（倒 L 形截面）。
　　4. 独立梁受压区的翼缘板，在荷载作用下若可能产生沿纵肋方向的裂缝时，则计算宽度取用肋宽 b。

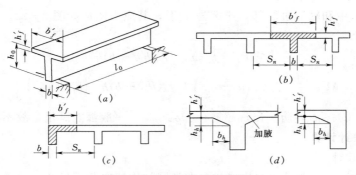

图 3-20　梁翼缘计算宽度

二、基本公式及适用条件

（一）T 形截面的计算类型和判别

T 形截面梁按中和轴所在位置不同分为两种类型：

第一类 T 形截面：中和轴位于翼缘内，即 $x \leqslant h'_f$（图 3-21）；

第二类 T 形截面：中和轴位于梁肋内，即 $x > h'_f$（图 3-22）。

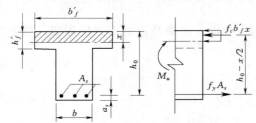

图 3-21　第一类 T 形截面计算应力图

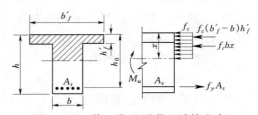

图 3-22　第二类 T 形截面计算应力

两类 T 形截面的判别：当 $x=h'_f$ 时，中和轴位于翼缘与梁肋的分界处，为两类 T 形截面的分界限，故

$$M \leqslant \frac{1}{\gamma_d}\left[f_c b'_f h'_f\left(h_0-\frac{h'_f}{2}\right)\right] \tag{3-14}$$

或

$$A_s f_y \leqslant f_c b'_f h'_f \tag{3-15}$$

时，属第一类 T 形截面（$x \leqslant h'_f$）；否则属第二类 T 形截面（$x > h'_f$）。截面设计时用式（3-14）来判别，承载力复核时用式（3-15）来判别。

（二）第一类 T 形截面

因 $x \leqslant h'_f$，中和轴位于翼缘内，混凝土受压区形状为矩形，故按 $b'_f \times h$ 的单筋矩形截面计算。计算应力图形如图形 3-21。

由平衡条件：

$\sum X = 0$ $\qquad\qquad f_c b'_f x = A_s f_y \tag{3-16}$

$\sum M_{As} = 0$ $\qquad M \leqslant \frac{1}{\gamma_d}\left[f_c b'_f x\left(h_0-\frac{x}{2}\right)\right] \tag{3-17}$

适用条件：①$\rho \geqslant \rho_{min}$，$\rho = A_s/bh_0$（式中 b 采用肋宽）；②$\xi \leqslant \xi_b$，此条件一般均能满足，可不必验算。

（三）第二类 T 形截面

因 $x > h'_f$，中和轴通过肋部，压区为 T 形，其应力图形如图 3-22。

由平衡条件：

$\sum X = 0$ $\qquad\qquad A_s f_y = f_c bx + f_c(b'_f - b)h'_f \tag{3-18}$

$\sum M_{As} = 0$ $\quad M \leqslant \frac{1}{\gamma_d}\left[f_c bx\left(h_0-\frac{x}{2}\right)+f_c(b'_f - b)h'_f\left(h_0-\frac{h'_f}{2}\right)\right] \tag{3-19}$

适用条件：①$\xi \leqslant \xi_b$，防止出现超筋；②$\rho \geqslant \rho_{min}$，一般都能满足，故不必验算。

三、实用设计计算

（一）截面设计

T 形截面设计，一般是先按构造或参考类同结构拟定截面尺寸，选择材料。需计算受拉钢筋截面面积 A_s，其步骤如下：

（1）先判别 T 形截面类型。

若 $M \leqslant 1/\gamma_d[f_c b'_f h'_f(h_0-h'_f/2)]$，为第一类 T 形截面，否则为第二类 T 形截面。

（2）第一类 T 形截面，按 $b'_f \times h$ 的单筋矩形截面计算。

（3）第二类 T 形截面计算如下：

1）计算 α_s, ξ：$\alpha_s = [\gamma_d M - f_c(b'_f - b)h'_f(h_0-h'_f/2)]/bh_0^2 f_c$；$\xi = 1-\sqrt{1-2\alpha_s}$。

2）验算 ξ：当 $\xi > \xi_b$ 时，属超筋截面，应增大截面，或提高混凝土强度等级；当 $\xi \leqslant \xi_b$ 时，$A_s = [f_c b\xi h_0 + f_c(b'_f - b)h'_f]/f_y$。

3）选配钢筋，画配筋图。

（二）承载力复核

承载力复核的关键是确定 M_u。

若 $A_s f_y \leqslant f_c b'_f h'_f$ 时，为第一类 T 形截面，按 $b'_f \times h$ 单筋矩形截面进行复核。

若 $A_s f_y > f_c b'_f h'_f$ 时，为第二类 T 形截面，计算如下：

1）计算 x：

$$x = \frac{A_s f_y - f_c (b'_f - b) h'_f}{f_c b}$$

2）验算 x，计算 M_u：

当 $x > \xi_b h_0$ 时，取 $x = \xi_b h_0$，$M_u = \alpha_{sb} b h_0^2 f_c + f_c (b'_f - b) h'_f (h_0 - h'_f/2)$；

当 $x \leqslant \xi_b h_0$ 时，$M_u = f_c b x (h_0 - x/2) + f_c (b'_f - b) h'_f (h_0 - h'_f/2)$。

3）验算条件：当 $M \leqslant M_u/\gamma_d$ 时，满足承载力要求；当 $M > M_u/\gamma_d$ 时，不满足承载力要求。

【例 3-6】 某水闸（4 级水工建筑物）工作桥，T 形截面梁上支承绳鼓式启闭机，经简化后 T 形梁计算简图和截面尺寸如图 3-23 所示，承受荷载设计值 $G+Q=87.5\text{kN}$；$g+q=10.3\text{kN/m}$，计算跨度 $l_0=8.4\text{m}$。混凝土的强度等级采用 C20，Ⅱ 级钢筋。试计算在正常运行期间左边 T 形梁跨中截面所需的钢筋截面面积。

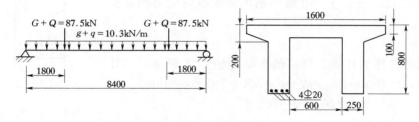

图 3-23　T 形梁计算简图及截面尺寸

解：

（1）资料。由表 2-2，4 级水工建筑物的结构安全级别为 Ⅲ 级，因此 $\gamma_0 = 0.9$；正常运行期为持久状况，故 $\psi = 1.0$；结构系数 $\gamma_d = 1.20$。

（2）内力计算。

$$M = \gamma_0 \psi \left[\frac{1}{8} (g+q) l_0^2 + (G+Q) a \right]$$

$$= 0.9 \times 1.0 \times \left[\frac{1}{8} \times 10.3 \times 8.4^2 + 87.5 \times 1.8 \right]$$

$$= 223.51 \text{ kN} \cdot \text{m}$$

（3）配筋计算。估计排单排，取 $a_s = 50\text{mm}$，$h_0 = h - a_s = 800 - 50 = 750\text{mm}$。

确定翼缘计算宽度 b'_f：①$h'_f = 150\text{mm}$，$h'_f/h_0 = 150/750 = 0.2 > 0.1$，$b'_f$ 不受此限制；②$b'_f = l_0/3 = 8400/3 = 2800\text{mm}$；③按梁肋净距 $b'_f = b + s_n = 250 + 600 = 850\text{mm}$；④实有的翼缘宽度为 800mm，取上述四种情况的较小值，即 $b'_f = 800\text{mm}$。

鉴别 T 形梁的类型：$\gamma_d M = 1.2 \times 223.51 = 268.21 \text{ kN} \cdot \text{m}$

$$f_c b'_f h'_f (h_0 - h'_f/2) = 10 \times 800 \times 150 \times (750 - 150/2) \times 10^{-6}$$

$$= 810 \text{ kN} \cdot \text{m} > \gamma_d M$$

属第一类 T 形梁 $(x \leqslant h'_f)$，按 $b'_f \times h$ 的单筋矩形截面梁计算。

$$\alpha_s = \frac{\gamma_d M}{f_c b'_f h_0^2} = \frac{268.21 \times 10^6}{10 \times 800 \times 750^2} = 0.06$$

$$\xi = 1 - \sqrt{1 - 2\alpha_s} = 1 - \sqrt{1 - 2 \times 0.06} = 0.062$$

$$A_s = \frac{f_c \xi b'_f h_0}{f_y} = \frac{10 \times 0.062 \times 800 \times 750}{310} = 1200 \ \text{mm}^2$$

$$\rho = \frac{A_s}{b h_0} = \frac{1200}{250 \times 750} = 0.64\% > \rho_{\min} = 0.15\%$$

选配钢筋 4 Φ 20 $(A_s = 1257 \text{mm}^2)$，配筋如图 3-23。

【例 3-7】 已知一吊车梁（结构安全级别为 II 级），计算跨度 $l_0 = 6000\text{mm}$，在使用阶段跨中截面承受弯矩设计值 $M = 208 \text{kN} \cdot \text{m}$（包含 $\gamma_0 = 1.0$，$\psi = 1.0$），梁截面尺寸如图 3-24 所示，$b = 200\text{mm}$，$h = 550\text{mm}$，$b'_f = 400\text{mm}$，$h'_f = 100\text{mm}$，采用 C20 混凝土，II 级钢筋，试求纵向受力钢筋截面面积。

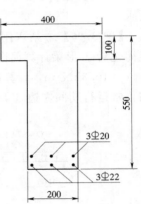

图 3-24 例 3-7 截面
配筋图

解：

（1）确定翼缘的计算宽度：吊车梁为独立 T 形梁，估计排双排，取 $a_s = 70\text{mm}$，$h_0 = h - a_s = 550 - 70 = 480\text{mm}$。

$$h'_f / h_0 = 100/480 = 0.208 > 0.1$$
$$b + 12 h'_f = 200 + 12 \times 100 = 1400 \ \text{mm}$$
$$l_0/3 = 6000/3 = 2000 \ \text{mm}$$

翼缘的实际宽度为 400mm，取上述的较小值，故 $b'_f = 400\text{mm}$。

（2）鉴别 T 形梁类型：

$$\gamma_d M = 1.2 \times 208 = 249.6 \ \text{kN} \cdot \text{m}$$

$$f_c b'_f h'_f (h_0 - h'_f/2) = 10 \times 400 \times 100 \times (480 - 100/2) \times 10^{-6} = 172 \ \text{kN} \cdot \text{m}$$

$\gamma_d M > f_c b'_f h'_f (h_0 - h'_f/2)$，该梁属于第二类 T 形梁 $(x > h'_f)$。

（3）配筋计算：

$$\alpha_s = \frac{\gamma_d M - f_c(b'_f - b)h'_f\left(h_0 - \frac{h'_f}{2}\right)}{b h_0^2 f_c}$$

$$= \frac{1.2 \times 208 \times 10^6 - 10 \times (400 - 200) \times 100 \times \left(480 - \frac{100}{2}\right)}{10 \times 200 \times 480^2}$$

$$= 0.355$$

$$\xi = 1 - \sqrt{1 - 2\alpha_s} = 1 - \sqrt{1 - 2 \times 0.355} = 0.462 < \xi_b = 0.544$$

$$A_s = \frac{f_c b \xi h_0 + f_c(b'_f - b)h'_f}{f_y}$$

$$=\frac{10 \times 200 \times 0.462 \times 480 + 10 \times (400 - 200) \times 100}{310}$$

$$=2076 \text{ mm}^2$$

选配受拉钢筋 $3 \oplus 22 + 3 \oplus 20$（$A_s = 2082 \text{ mm}^2$），配筋见图 $3-24$。

第四节 受弯构件斜截面承载力

一、受弯构件斜截面受剪承载力

进行斜截面受剪承载力设计与正截面承载力设计相似，用配置一定的腹筋来防止斜拉破坏及采用截面限制条件的方法来防止斜压破坏，而主要的剪压破坏形态，则给出计算公式。

（一）基本计算公式

如图 $3-25$ 所示，钢筋混凝土受弯构件斜截面的受剪承载力 V_u 主要由三部分组成：

$$V_u = V_{cs} + V_{sb} = V_c + V_{sv} + V_{sb} \qquad (3-20)$$

式中　V_{cs}——混凝土与箍筋共同承担的剪力；

V_c——斜裂缝上端剪压区混凝土所承受的剪力；

V_{sv}——与斜裂缝相交的箍筋所承受的剪力；

V_{sb}——与斜裂缝相交的弯起钢筋所承受的剪力，即 T_{sb} 沿竖向分力。

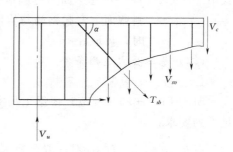

图 $3-25$　受弯构件斜截面
受剪承载力计算简

1. 仅配箍梁的受剪承载力计算公式

如图 $3-25$，仅配箍筋时，$T_{sb} = 0$，即 V_{sb} 等于零，此时，$V_u = V_{cs}$，从而承载力要求：

$$V \leqslant \frac{1}{\gamma_d} V_u \quad 即 \quad V \leqslant \frac{1}{\gamma_d} V_{cs} \qquad (3-21)$$

式中　V——剪力设计值，当仅配箍筋时，取支座边缘截面的最大剪力值；

V_{cs}——混凝土与箍筋共同承担的剪力。

（1）对承受一般荷载的矩形、T形和工字形截面的受弯构件，其计算公式为：

$$V_{cs} = 0.07 f_c b h_0 + 1.25 f_{yv} \frac{A_{sv}}{s} h_0 \qquad (3-22)$$

式中　b——矩形截面的宽度或 T 形、工字形截面的腹板宽度；

h_0——截面的有效高度；

f_{yv}——箍筋抗拉强度设计值，可按附录一表6取用，但取值不应大于 310N/mm^2；

（2）对于集中荷载作用下的矩形截面独立梁（包括作用有多种荷载，且集中荷载对支座截面或节点边缘所产生的剪力值占总剪力值 75% 以上的情况），其计算公式为：

$$V_{cs} = \frac{0.2}{\lambda + 1.5} f_c b h_0 + 1.25 f_{yv} \frac{A_{sv}}{s} h_0 \qquad (3-23)$$

$$\lambda = a/h_0$$

式中　λ——计算剪跨比；

　　　a——集中荷载作用点至支座截面或节点边缘的距离。

当 $\lambda < 1.4$ 时，取 $\lambda = 1.4$；当 $\lambda > 3$ 时，取 $\lambda = 3$。

2. 配有箍筋和弯筋梁的承载力计算公式

承载力要求：

$$V \leqslant \frac{1}{\gamma_d} V_u, \quad V_u = V_{cs} + V_{sb}$$

即
$$V \leqslant \frac{1}{\gamma_d}(V_{cs} + V_{sb}) \tag{3-24}$$

则
$$V_{sb} = T_{sb}\sin\alpha = f_y A_{sb}\sin\alpha \tag{3-25}$$

式中　A_{sb}——同一弯起平面内弯起钢筋截面面积；

　　　α——斜截面上弯起钢筋与构件纵向轴线的夹角，一般取 45°；当梁高 $h \geqslant 700\text{mm}$ 时，可取 $\alpha = 60°$。

（二）基本公式适用条件

1. 上限——截面尺寸限制

SL/T191-96《规范》根据工程实践经验和试验结果分析，规定了梁截面尺寸应满足下列要求：

当 $h_w/b \leqslant 4.0$ 时，对一般梁要求　$V \leqslant \dfrac{1}{\gamma_d}(0.25 f_c b h_0)$ 　　　（3-26）

当 $h_w/b \geqslant 6.0$ 时，　要求　$V \leqslant \dfrac{1}{\gamma_d}(0.2 f_c b h_0)$ 　　　（3-27）

当 $4.0 < h_w/b < 6.0$ 时，按直线内插法计算，即

$$V \leqslant \frac{1}{\gamma_d}\left(0.35 - 0.025\frac{h_w}{b}\right) f_c b h_0 。$$

式中　V——支座边缘截面的剪力设计值；

　　　b——矩形截面的宽度，T 形或工字形截面的腹板宽度；

　　　h_w——截面的腹板高度。矩形截面取有效高度 $h_w = h_0$；T 形截面取有效高度减去翼缘的高度 $h_w = h_0 - h'_f$；工字形截面取腹板净高 $h_w = h - h'_f - h_f$。

在设计时，若不满足上述要求时，应加大截面尺寸或提高混凝土强度等级，直到满足为止。

2. 下限——最小配箍率和箍筋的最大间距

试验表明，箍筋配置过少，一旦裂缝出现，由于箍筋的抗剪作用不足，就会发生斜拉破坏，《规范》规定箍筋的配置应满足最小配箍率要求：

$$\rho_{sv} = \frac{A_{sv}}{bs} \geqslant \rho_{sv\min} \tag{3-28}$$

式中　$\rho_{sv\min}$——箍筋最小配筋率。对于 Ⅰ 级钢筋 $\rho_{sv\min} = 0.12\%$；对于 Ⅱ 级钢筋

$$\rho_{sv\min} = 0.08\%$$

当满足了最小配箍率要求后，如果腹筋配置得太稀，即间距过大，有可能在两根腹筋之间出现斜裂缝，这时腹筋将不能发挥作用（图3-26）。为此《规范》规定了箍筋的最小直径（见第五节）和最大间距 s_{max}，s_{max}见表3-3。对于箍筋，两根箍筋之间距离应满足 $s \leqslant s_{max}$ 要求；对于弯起

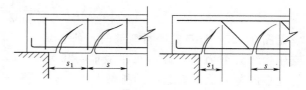

图3-26 腹筋间距过大产生的影响
s_1—支座边缘至第一根箍筋或弯筋的距离；
s—箍筋或弯筋的间距

钢筋间距是指前一排弯筋的下弯点到后一排弯筋的上弯点之间的梁轴投影距离 $s \leqslant s_{max}$。在任何情况下，腹筋间距都不得大于表3-3中的 s_{max} 数值；在支座处，从支座算起的第一排弯筋和第一根箍筋离开支座边缘的距离 s_1 也不得大于 s_{max}。

表3-3   梁中箍筋的最大间距

梁高 h（mm）	$V > V_c/\gamma_d$	$V \leqslant V_c/\gamma_d$	梁高 h（mm）	$V > V_c/\gamma_d$	$V \leqslant V_c/\gamma_d$
$150 < h \leqslant 300$	150	200	$800 < h \leqslant 1200$	300	400
$300 < h \leqslant 500$	200	300	$h > 1200$	350	500
$500 < h \leqslant 800$	250	350			

（三）斜截面受剪承载力计算步骤

1. 作梁的剪力图

确定斜截面承载力计算截面和相应的剪力值 V，剪力值 V 按净跨计算。

2. 验算截面尺寸

按条件式（3-26）、式（3-27）进行验算。不满足时，则需增大 b、h 或提高混凝土等级。

3. 确定是否按计算配置腹筋

若 $V \leqslant \dfrac{1}{\gamma_d} V_c = \dfrac{1}{\gamma_d}$ （$0.07 f_c b h_0$）或 $V \leqslant \dfrac{1}{\gamma_d} V_c = \dfrac{1}{\gamma_d} \left(\dfrac{0.2}{\lambda + 1.5} f_c b h_0 \right)$ 时，则按构造要求配置腹筋，否则必须按计算配置腹筋。

4. 腹筋计算

（1）只配箍筋：

根据 $V \leqslant V_{cs}/\gamma_d$ 条件，以式（3-22）式（3-23）计算 A_{sv}/s，然后选配箍筋肢数 n、单肢箍筋面积 A_{sv1}，最后确定箍筋间距 s，s 应满足 $s \leqslant s_{max}$，同时还应满足 $\rho_{sv} \geqslant \rho_{sv\,min}$。

（2）既配箍筋又配弯筋：

按构造先选 d、n、s，应满足 $\rho_{sv} \geqslant \rho_{sv\,min}$ 要求，再利用公式（3-22）或式（3-23）计算 V_{cs}，$V \leqslant V_{cs}/\gamma_d$ 时，说明箍筋已满足受剪承载力要求，不需配弯筋；当 $V > V_{cs}/\gamma_d$ 时，说明箍筋不满足受剪承载力要求，需按计算配置弯筋。

弯起钢筋计算：

$$A_{sb} = \frac{\gamma_d V - V_{cs}}{f_y \sin\alpha}$$

见图 3-27，计算第一排弯筋时，剪力 V 取支座边缘处剪力值，以后每排取前一排弯筋弯起点的剪力值。弯起筋的排数与 V、V_{cs} 有关，最后一排弯起筋的弯起点应落在 V_{cs}/γ_d 的控制区中，弯起钢筋间距必须满足 $s \leqslant s_{\max}$ 要求。

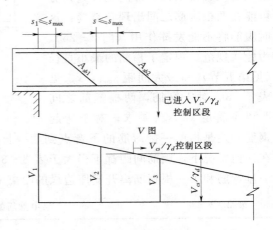

图 3-27　计算弯起钢筋时 V 取值及弯筋间距

【例 3-8】　某矩形截面简支梁，截面尺寸 $b \times h = 200\ \text{mm} \times 500\ \text{mm}$，在均布荷载作用下承受剪力设计值 $V = 143\text{kN}$，根据正截面承载力计算已配置纵向受力钢筋 3 Φ 20。采用 C20 混凝土，Ⅱ 级的纵向受力钢筋，Ⅰ 级箍筋，若采用仅配箍筋方法配置腹筋，试计算箍筋数量（取 $a_s = 35\text{mm}$）。

解：

（1）资料：

$$f_c = 10\ \text{N/mm}^2, \quad f_{yv} = 210\ \text{N/mm}^2, \quad f_y = 310\ \text{N/mm}^2。$$

（2）验算截面尺寸：

$$h_0 = h - a_s = 500 - 35 = 465\ \text{mm}$$

$$\frac{h_w}{b} = \frac{h_0}{b} = \frac{465}{200} = 2.33 < 4.0$$

$$0.25 f_c b h_0 = 0.25 \times 10 \times 200 \times 465$$
$$= 232500\text{N}$$
$$= 232.5\ \text{kN} > \gamma_d V = 1.2 \times 143 = 171.6\ \text{kN}$$

故截面尺寸满足抗剪要求。

（3）验算是否按计算配置腹筋：

$$0.07 f_c b h_0 = 0.07 \times 10 \times 200 \times 465 \times 10^{-3} = 65.1\ \text{kN} < \gamma_d V = 171.6\ \text{kN}$$

应按计算配置腹筋。

（4）腹筋计算：

当仅配箍筋时，由 $V \leqslant \dfrac{1}{\gamma_d}\left(0.07 f_c b h_0 + 1.25 f_{yv} \dfrac{A_{sv}}{s} h_0\right)$ 得：

$$\frac{A_{sv}}{s} \geqslant \frac{\gamma_d V - 0.07 f_c b h_0}{1.25 f_{yv} h_0}$$

$$= \frac{1.2 \times 143 \times 10^3 - 0.07 \times 10 \times 200 \times 465}{1.25 \times 210 \times 465} = 0.873\ \text{mm}^2/\text{mm}$$

若选用 $\phi 8$ 箍筋，$n = 2$，$A_{sv1} = 50.3\ \text{mm}^2$，则：

$$s \leqslant \frac{A_{sv}}{0.873} = \frac{2 \times 50.3}{0.873} = 115.23\ \text{mm} < s_{\max} = 200\ \text{mm}$$

取用 $s=110$ mm，即采用 $\phi 8@110$ 的箍筋。

（5）验算最小配箍率：

$$\rho=\frac{A_{sv}}{bs}=\frac{2\times50.3}{200\times110}=0.46\%>\rho_{sv\min}=0.12\%$$

即满足最小配箍筋要求。

【例 3-9】 在上例中，条件不变，取 $l_n=6.0$m，按既配箍筋又配弯筋，求腹筋数量。

解：步骤（1）～（3）同上例。

（4）腹筋计算：

按构造选取 $\phi 8@150$ 双肢箍筋

1）验算配箍率：

$$\rho=\frac{A_{sv}}{bs}=\frac{2\times50.3}{200\times150}=0.335\%>\rho_{sv\min}=0.12\% \text{ 满足要求}$$

2）计算 V_{cs}：

$$V_{cs}=0.07f_{c}bh_{0}+1.25f_{yv}\frac{A_{sv}}{s}h_{0}$$

$$=0.07\times10\times200\times465+1.25\times210\times\frac{2\times50.3}{150}\times465$$

$$=146.96\times10^{3}\text{ N}$$

$$=146.96\text{ kN}<\gamma_{d}V=1.2\times143=171.6\text{ kN}$$

3）弯筋计算：（$V_{1}=V=143$ kN）

$$A_{sb}=\frac{\gamma_{d}V_{1}-V_{cs}}{f_{y}\sin45°}=\frac{(1.2\times143-146.96)\times10^{3}}{310\times0.707}=112.42\text{ mm}^{2}$$

从纵筋中弯起 $1\oplus 20$，$A_{sb}=314\text{mm}^{2}>112.42\text{mm}^{2}$，弯起点处的剪力值：取弯起点距支座边缘距离为 $200+500-2\times25=650\text{mm}$，则 $g=2V/l=143\times2/6=47.67\text{kN/m}$，该处剪力为：

$$V_{2}=143-47.67\times0.65=112.01\text{ kN}<\frac{1}{\gamma_{d}}V_{cs}=122.47\text{ kN}$$

故不需再弯第二排弯筋。

二、钢筋混凝土受弯构件斜截面受弯承载力的构造措施

在剪力和弯矩共同作用下产生的斜裂缝，还会导致与其相交的纵向受拉钢筋的增加，引起沿斜截面受弯承载力不足及锚固不足的破坏，因此在设计中除了保证受弯构件正截面受弯承载力和斜截面受剪承载力外，还应满足受弯构件斜截面受弯承载力的要求及钢筋的可靠锚固。受弯构件斜截面受弯承载力仅需从构造上加以保证，无需进行计算。

（一）抵抗弯矩图绘制（M_{R} 图）

1. 绘制抵抗弯矩图方法

抵抗弯矩图（M_{R} 图）就是各截面实际能够抵抗的弯矩图形，反映了沿梁长正截面上材料的抗力，故亦称为材料图。以梁轴线为横轴，纵标表示相应截面的抵抗弯矩（M_{R}）值，它可根据各截面实有的纵筋面积求得。作 M_{R} 图的过程，也就是对钢筋布置进行图解设计过程，一般设计中 M_R 图与 M 图按同一比例绘在一起。现以某梁的负弯矩段为例（图 3-28），说明 M_R 图的作法。

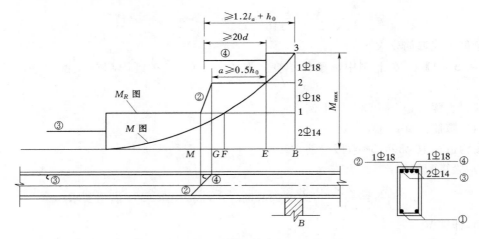

图 3-28　某外伸梁抵抗弯矩图（M_R 图）

（1）纵筋首先进行编号：

其原则：凡形式、直径、长度相同的编为一个号，如 2 ⌀ 14 编为③号，其余见图。

（2）按一定比例作出 M 图。

（3）计算控制截面的 M_R 值及各种钢筋的 M_{Ri} 值：

因在控制截面 B 处的 A_s 是按 M_{max} 算出，所以 $M_R = M_{max}$，若 $A_{s实} > A_s$ 时，则

$$M_R = \frac{1}{\gamma_d}\left[A_{s实} f_y \left(h_0 - \frac{f_y A_{s实}}{2f_c b} \right) \right]$$

各种钢筋的抵抗弯矩值：

$$M_{Ri} = \frac{A_{si}}{A_{s实}} M_R$$

（4）在设计弯矩图上按比例绘出 M_R，并按 M_{Ri} 进行划分，如图 B_1、B_2、B_3，作横轴平行线与 M 图相交。

（5）找出每种钢筋的理论切断点（不需要点）、充分利用点。

显然，如图在 E 截面可减少 1 ⌀ 18（钢筋④），也就是说 2 ⌀ 14＋1 ⌀ 18 即可满足正截面承载力要求，称 E 截面为钢筋④的"不需要点"，同时又是钢筋②的"充分利用点"。同理可找出每种钢筋的"不需要点"和"充分利用点"。

注意的是一种钢筋的"不需要点"即理论切断点是按正截面承载力要求来讲，但实际上从斜截面抗弯来讲是不能在此点上截断，必须伸长一定的长度后才能截断，具体见下面规定。

2. 钢筋弯起与截断时 M_R 图表示方法

（1）钢筋截断反映在 M_R 图上为正截面抵抗弯矩的能力突变，呈台阶形，如图 3-28 E 截面的突变，反映了钢筋④在该截面截断。

（2）钢筋弯起或弯下，在下弯过程中，弯起钢筋还起到一定的正截面承载力作用，不像截断那样突然。当穿过轴线时，进入受压区抗弯作用消失，反映在 M_R 图上为逐渐下降

斜线，如钢筋②在 G 处被弯下，GM 间为斜线变化。

3. M_R 图与 M 图的关系

M_R 图表示正截面实际受弯承载力，要求在各个截面上 $M_R \geq M$，即 M_R 图必须把 M 图包围起来。M_R 图越贴近 M 图，表明钢筋强度利用的越充分，在设计中应力求做到这一点，合理地布置钢筋。但也要照顾到施工的便利，不要使纵筋的形式、尺寸、类型复杂化。

（二）保证斜截面受弯承载力的构造措施

1. 纵向受拉钢筋实际截断点的确定

为了保证斜截面的抗弯强度，纵向受拉钢筋必须伸过理论截断点一定长度后，方可截断。SL/T191—96《规范》规定，纵向受拉钢筋不宜在受拉区截断，如必须截断时，应延长至按正截面受弯承载力计算不需要该钢筋（理论切断点）之外，延伸长度不小于 $20d$（见图 3-28④钢筋），此时 d 为截断钢筋的直径。同时为了使纵向钢筋强度能够充分发挥，要求自充分利用点至该钢筋截断点的距离 l_d 应满足下列要求（见图 3-28④钢筋）：

当 $V < V_c/\gamma_d$ 时，$l_d \geq 1.2 l_a$；

当 $V \geq V_c/\gamma_d$ 时，$l_d \geq 1.2 l_a + h_0$。

式中　l_a——受拉钢筋的锚固长度。见附录三表 2。

2. 纵向钢筋实际弯起点的确定

为了使纵向钢筋弯起后抵抗的弯矩不小于弯起前所能抵抗的弯矩值，保证斜截面抗弯。SL/T191-96《规范》规定：在纵筋弯起时，实际弯起点必须设在该钢筋的充分利用点外至少 $0.5h_0$ 的地方（$a \geq 0.5h_0$），见图 3-28②钢筋 EG 段，同时弯起钢筋与梁中心线的交点，应位于该钢筋的理论截断点之外（见图 3-28M点），即满足 M_R 包住 M 图的要求。

3. 纵向受力钢筋在支座处的锚固

（1）简支支座。在构件的简支端弯矩 $M = 0$，按正截面要求，受力钢筋伸入支座即可。但当支座边缘发生斜裂缝时，支座边缘处的纵向受力钢筋的拉力会突然增加，如无足够的锚固，纵向受力钢筋将从支座中拔出而破坏。为防止这种破坏，简支梁下部的纵向受力钢筋伸入支座的锚固长度 l_{as} 如图 3-29（a）应符合下列条件：

当 $V \leq V_c/\gamma_d$ 时，$l_{as} \geq 5d$；

当 $V > V_c/\gamma_d$ 时，$l_{as} \geq 10d$（螺纹钢筋）；

$l_{as} \geq 12d$（月牙纹钢筋）；

$l_{as} \geq 15d$（光面圆钢）。

如下部纵向受力钢筋伸入支座的锚固长度不能符合上述规定时，则可将钢筋上弯如图 3-29（b）或采用贴焊锚筋、焊锚板、镦头、将钢筋端部焊接在支座的预埋件上等锚固措施。

（2）悬臂梁的固定端支座。如图 3-29（c）悬臂梁的上部纵向受力钢筋应从钢筋强度充分利用的截面（即支座边缘截面）起伸入支座中的长度不小于钢筋的锚固长度 l_a；下部纵向钢筋在计算上作为受压钢筋时，伸入支座中的长度不小于 $0.7l_a$。

（3）连续梁、外伸梁的中间支座或框架梁中间节点。其上部纵向钢筋应贯穿支座或节

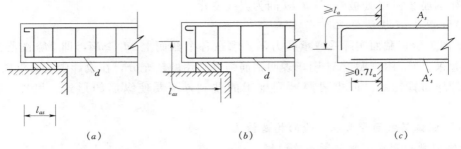

图 3-29　纵向受力筋在支座处的锚固

点。下部的纵向钢筋伸入支座或节点，当计算中不利用其强度时，其伸入长度应符合上述简支支座规定；当计算中充分利用其强度时，受拉钢筋的伸入长度不小于锚固长度 l_a，受压钢筋的伸入长度不小于 $0.7l_a$。

l_a 按附录三表 2 采用。

第五节　受弯构件的构造要求

一、梁的构造要求

（一）截面尺寸

梁的截面尺寸除满足承载力要求外，还应满足刚度要求和施工上的便利，尺寸应有统一标准，以便模板重复利用。确定截面尺寸时，通常应考虑以下规定：

1）梁的高度 h 通常可由梁的跨度 l_0 决定，简支梁高跨比一般取 $h/l_0 = 1/8 \sim 1/12$。梁的宽度 b 一般根据梁高度 h 来确定，即符合梁的高宽比 h/b，一般对于矩形截面取 $h/b = 2 \sim 3$；T 形截面 $h/b = 2.5 \sim 4$（b 为梁肋宽）。

2）截面尺寸还应满足模数要求：梁高 h 常取为 250、300、350、400、…、800mm，以 50mm 为模数递增；800mm 以上取 100mm 为模数递增。矩形梁梁宽及 T 形梁梁肋宽 b 常取为 120、150、180、200、220、250、…、250mm 以上以 50mm 为模数递增。

（二）梁的配筋

1. 梁中一般配置下列几种钢筋（图 3-30）

（1）纵向受力钢筋。承受由 M 在梁内引起拉力，配置在梁的受拉一侧。

（2）弯起钢筋。一般由纵筋弯起而成。其作用，水平段承受 M 引起拉力，弯起段承受由 M 和剪力 V 共同产生的主拉应力。

（3）箍筋。承受梁的剪力，改善梁的受剪性能，抑制斜裂缝开展，与纵筋形成骨架。

（4）纵向构造钢筋。用来固定箍筋位置和形成钢筋骨架，还可承受因温度变化和混凝土收缩而产生的应力。

2. 纵向受力筋的构造

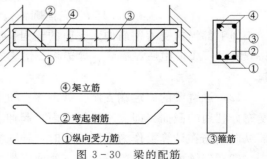

④架立筋
②弯起钢筋
①纵向受力筋
③箍筋

图 3-30　梁的配筋

46

（1）直径 d。为保证钢筋骨架的刚度，便于施工，纵向受力钢筋的直径不能太细；同时为了避免拉区混凝土产生的裂缝过宽，直径也不宜太粗。通常采用直径 $10\sim28\mathrm{mm}$，梁内同侧受力钢筋直径宜尽可能相同。当采用两种不同直径的钢筋时，其直径相差应在 $2\mathrm{mm}$ 以上，以便识别，且不宜超过 $6\mathrm{mm}$。

（2）钢筋净距 e 及保护层 c。为了保证钢筋和混凝土之间有足够的粘结力，便于浇注混凝土以及保证钢筋周围混凝土的密实性，钢筋之间的净距和钢筋最小保护层的厚度，应满足 SL/T191-96《规范》规定：①净距 e：梁内下部纵向钢筋净距不应小于钢筋直径 d，上部纵向钢筋净距不应小于 $1.5d$，同时均不小于 $30\mathrm{mm}$ 及不小于最大骨料粒径的 1.5 倍（图 3-31）。②保护层 c：钢筋外缘混凝土的最小厚度（图 3-31）。保护层的厚度主要与钢筋混凝土构件的种类、所处的环境等因素有关。纵向受力钢筋的混凝土保护层不应小于钢筋直径和附录三表 1 所列数值，同时也不宜小于粗骨料最大粒径的 1.25 倍。

梁中钢筋的标注方式：根数＋钢筋级别符号＋直径，如 3Φ20。

3. 箍筋的构造

（1）箍筋形式和肢数。箍筋形式有封闭式和开口式两种（图 3-32）。通常采用封闭式箍筋，既方便固定纵筋又对梁的受扭有利。配有受压钢筋的梁，则必须采用封闭式箍筋。箍筋的肢数可按需要采用双肢和四肢（图 3-32）。在绑扎骨架中，双肢箍筋最多能扎结 4 根排

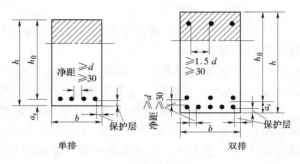

图 3-31 梁内钢筋净距

在一排的纵向受压钢筋，否则应采用四肢箍筋（即复合箍筋）；当梁宽大于 $400\mathrm{mm}$，一排纵向受压钢筋多于 3 根时，也应采用四肢箍筋。

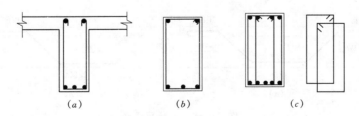

图 3-32 箍筋的形状和肢数

（a）开口箍筋（双肢）；（b）封口箍筋（双肢）；（c）封口箍筋（四肢）

（2）箍筋的最小直径。箍筋一般采用 I 级钢筋。为保证钢筋骨架具有一定的刚度，箍筋的最小直径应符合下列规定：

当梁高 $h<250\mathrm{mm}$ 时，箍筋直径 $d\geqslant4\mathrm{mm}$；当梁高 $250\leqslant h\leqslant800\mathrm{mm}$ 时，箍筋直径 $d\geqslant6\mathrm{mm}$；当梁高 $h>800\mathrm{mm}$ 时，箍筋直径 $d\geqslant8\mathrm{mm}$。当梁内配有计算需要的纵向受压钢筋时，箍筋直径尚不小于 $d/4$（d 为受压钢筋中最大直径）。考虑箍筋的加工成型，直径不宜大于 $10\mathrm{mm}$。

（3）箍筋的最大间距。为了防止斜裂缝在两箍筋间出现，梁内箍筋间距不得大于表 3

－3 中的最大间距 s_{max}。

当梁中配有计算需要的受压钢筋时，箍筋的间距在绑扎骨架中不应大于 15d，在焊接骨架中不应大于 20d（d 为受压钢筋中的最小直径），同时在任何情况下均不大于 400mm；当一排内纵向受压钢筋多于 5 根且直径大于 18mm 时，箍筋间距不应大于 10d。

在绑扎纵筋的搭接长度范围内，受拉钢筋的箍筋间距不应大于 5d，且不大于 100mm；受压钢筋的箍筋间距不应大于 10d，且不大于 200mm（d 为搭接钢筋中的最小直径）。

（4）箍筋的布置。如按计算需要设置箍筋时，一般沿梁全长均匀布置，也可在梁两端剪力较大部位布置的密一些。如按计算不需要设置箍筋时，对 $h>300$mm 的梁，仍应沿梁全长布置箍筋；对 $h=150\sim300$mm 之间的梁，可仅在构件两端 1/4 跨度范围内设置箍筋，但当梁中部 1/2 跨度内有集中荷载作用时，箍筋仍应沿全梁布置；对梁高 $h<150$mm 的梁，可不设置箍筋。

4. 弯起钢筋的构造

（1）按抗剪承载力设置弯起钢筋时，前排弯筋下弯点至后排弯筋上弯点的距离（即弯筋间距）不得大于表 3－3 中 s_{max}。

（2）梁中弯起钢筋的弯起角一般为 45°，梁高 $h\geqslant700$mm 时，也可用 60°。当梁宽 $b>250$mm 时，为使弯起钢筋在整个宽度范围内受力均匀，宜在同一截面内同时弯起两根钢筋。

（3）抗剪弯起钢筋的弯折终点处应留有足够的直线锚固段，见图 3－33，其长度在受拉区不应小于 20d；在受压区不应小于 10d，对于光面圆钢，末端应设置弯钩。位于梁底两侧的钢筋不能弯起。

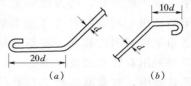

图 3－33 弯起钢筋的直线锚固段
（a）受拉区；（b）受压区

（4）当纵筋弯起不能满足 M_R 图要求时，可单独设置抗剪钢筋。此时应将弯筋布置成吊筋形式如图 3－34（a），不允许采用图 3－34（b）的浮筋。

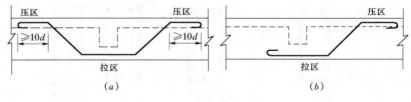

图 3－34 吊筋及浮筋
（a）吊筋；（b）浮筋

5. 纵向构造钢筋

（1）架立筋的配置。为了使纵向受力筋和箍筋绑扎成刚性较好的骨架，箍筋的四角在没有纵向受力筋的地方，应设置架立筋。架立筋规定如下：

当梁的跨度 $l<4$m 时，架立筋直径 $d\geqslant6$mm；当梁的跨度 4m$\leqslant l\leqslant6$m 时，$d\geqslant8$mm；当梁跨度 $l>6$m 时，$d\geqslant10$mm。

（2）腰筋及拉筋的设置。当梁高 $h>700$mm 时，在梁的两侧沿梁高每隔 300～400mm 应设置一根直径不小于 10mm 的纵向构造钢筋，称为"腰筋"。两侧腰筋之间用拉筋连起来，拉筋直径可取与箍筋相同，间距取为箍筋间距的倍数，一般在 500～700mm

之间（如图3-35）。

二、板的构造要求

（一）板的厚度

在水工建筑中，板的厚度变化范围很大，薄的可为100mm左右，厚的则可达几米。对于实心板的厚度一般不宜小于100mm，但有些屋面板厚度也可为60mm。板的厚度在250mm以下，以10mm为模数递增；板厚在250mm以上者以50mm为模数递增。

一般厚度的板，板厚约为板跨的1/12～1/20。

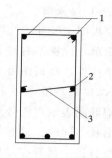

图3-35　架立筋、腰筋及拉筋
1—架立筋；2—腰筋；3—拉筋

（二）板的配筋

板中配筋有纵向受力钢筋和分布钢筋（如图3-36）。

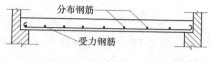

图3-36　板的配筋

1. 受力钢筋直径和间距

受力钢筋沿板的跨度方向在受拉区配置，承受荷载作用下所产生的拉力。一般厚度板，其受力钢筋直径常用6、8、10、12mm；厚板（如闸底板）中常用12～25mm，也有用到32、36mm的。同一板中受力筋可采用两种不同直径，但直径相差应在2mm以上，以便识别。

为传力均匀及避免混凝土局部破坏，板中受力钢筋的间距不能太稀，但为了便于施工，也不宜太密。

板中受力钢筋的最小间距为70mm，即每米板宽内最多放14根钢筋。

板中受力筋的最大间距可取为：

$$板厚 \qquad h \leqslant 200\text{mm 时：} 250\text{mm}$$
$$200\text{mm} < h \leqslant 1500\text{mm 时：} 300\text{mm}$$
$$h > 1500\text{mm 时：} 0.2h \text{ 及 } 400\text{mm}$$

板中受力钢筋宜采用每米6～10根。钢筋的标注方式：直径＋间距，如 $\phi6@250$。板中混凝土保护层应满足附录三表1要求。

2. 分布钢筋

分布钢筋垂直于受力钢筋并均匀布置在受力钢筋内侧，与受力钢筋绑扎或焊接形成钢筋网。分布钢筋的作用是将板面上荷载均匀地传给受力钢筋，同时用以固定受力钢筋，并抵抗混凝土收缩和温度应力的作用。《规范》规定，每米板宽中分布筋的截面面积不少于单位板宽受力钢筋截面面积的15％（集中荷载时为25％）；分布钢筋的直径在一般厚度板中多用6～8mm，每米板宽内不少于3根。对承受分布荷载的厚板，分布钢筋的直径可采用10～16mm，间距为200～400mm。一般采用光面钢筋。

第六节　钢筋混凝土受弯构件施工图

一、施工图的内容

为了满足施工要求，钢筋混凝土构件施工图一般包括下列内容：

（一）模板图

模板图主要在于注明构件的外形尺寸，以制作模板和计算混凝土方量用。模板图一般比较简单，比例不宜过大，但尺寸要注全。构件上的预埋铁件一般可表示在模板图上。对于简单构件，模板图可与配筋图合为一体。

（二）配筋图

配筋图表示钢筋骨架的形状及在模板中的位置，主要为绑扎钢筋骨架用。凡规格、长度或形状不同的钢筋必须标以不同的编号，写在小圆圈内，并在编号引出线旁注明钢筋的根数及直径。最好在每根钢筋的两端及中间都注上编号，以便查清各种钢筋的来龙去脉。配筋图一般有纵剖面配筋图和横剖面配筋图。

（三）钢筋表

钢筋表用来表示构件中所有钢筋的品种、规格、长度和根数。主要用于断料及加工成形，计算钢筋用量。

（四）说明或附注

一般用图纸难以表达的内容，可用文字加以说明，这样可以减少图纸内容和工作量。如构件数量、尺寸单位、钢筋保护层厚度、材料强度等级等，以及施工中应注意的事项。文字说明要简明扼要，说明问题。

二、钢筋长度计算

以图 3-37 简支梁配筋图为例，说明钢筋长度的计算方法。

（一）直筋

图 3-37 中钢筋①为直筋，直线段上所注尺寸 5940mm 为实际长度，指钢筋两端弯钩外缘之间的距离（即钩顶到钩顶的距离），即梁全长 6000mm 减去两端保护层厚 60mm（取 $c=30$mm）。则钢筋的总长应为实际长度加上两弯钩的长度，弯钩长度的计算见第一章，一般人工弯钩长为 $5d$ 或 $6.25d$，若取 $6.25d$，则钢筋①的总长为 $5940+2\times6.25\times20=6190$mm。

（二）弯起钢筋

形状如弓，俗称弓铁，也叫元宝筋，如图中的钢筋②。弯起钢筋尺寸由水平段、斜弯段两部分组成。斜弯段所注尺寸中弯起部分的高度（弯起高度），以钢筋的外皮计算，即梁高减去上下混凝土保护层，即 $h-2c=550-2\times30=490$mm，斜弯段长度由弯起角（$\alpha=45°$）和弯起高度计算而来，即 $490/\sin45°=690$mm；水平直线段的长度可按总长来推算，也可从图中量取；支座处的弯起钢筋应满足构造要求，如钢筋②应满足直线锚固段的要求，受压区 $10d=10\times20=200$mm，同时还应满足抗剪 50mm$\leqslant s_1 \leqslant s_{max}$ 的要求，若取 $s_1=140$mm$\leqslant s_{max}$，则弯起后水平直线段长度为 $140+370-30=480$mm，中间直线段长度为 $6000-2\times30-2\times480-2\times490=4000$mm，钢筋②的总长为 $4000+2\times690+2\times480+2\times6.25\times20=6590$mm。

（三）箍筋

（1）一根箍筋的长度等于各分段长度加两个弯钩的增加长度。箍筋尺寸的注法各工地不统一，一般有两种：注箍筋外缘尺寸和注箍筋内口尺寸。前者的好处在于同其它钢筋一致，即所注尺寸为钢筋的外缘到外缘的距离；注内口尺寸的好处是便于校核，即构件截面

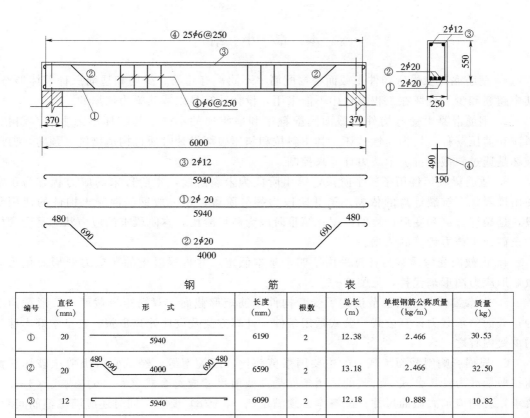

钢　　　筋　　　表

编号	直径 (mm)	形　式	长度 (mm)	根数	总长 (m)	单根钢筋公称质量 (kg/m)	质量 (kg)
①	20	5940	6190	2	12.38	2.466	30.53
②	20	480 690 4000 690 480	6590	2	13.18	2.466	32.50
③	12	5940	6090	2	12.18	0.888	10.82
④	6	190 内口 490	1460	25	36.5	0.222	8.10
					总质量 (kg)		81.95

图 3-37　某简支梁配筋图

尺寸减去主筋净保护层的厚度，如钢筋④高度为 $550-2\times30=490$mm，宽度为 $250-2\times30=190$mm。注箍筋尺寸时，应注明所注尺寸是内口还是外缘。

（2）箍筋弯钩的大小与主筋的粗细有关，根据箍筋与主筋直径不同，箍筋两个弯钩增加长度见表 3-4。

从而，钢筋④的总长为：

$2\times(490+190)+100=1460$mm（内口）

此简支梁的钢筋表见图 3-37。

钢筋表内的钢筋长度并非钢筋的下料长度，由于钢筋弯折时要伸长一些，因此钢筋的下料长度（断料长度）应等于计算长度减去钢筋伸长值，钢筋的伸长值可查有关施工手册。对箍筋的内口尺寸，则计算长度即为断料长度。

表 3-4　箍筋两个弯钩的增加长度

主筋直径 (mm)	箍筋直径（mm）				
	5	6	8	10	12
10～25	80	100	120	140	180
28～32		120	140	160	210

本 章 小 结

1. 钢筋混凝土受弯构件正截面根据配筋率不同，有超筋、少筋和适筋三种破坏形态，其中超筋和少筋破坏在工程设计中不能采用，设计计算是以适筋梁为依据的。

2. 钢筋混凝土受弯构件斜截面因配箍率和剪跨比的不同，其破坏形态主要有斜拉、斜压和剪压三种，均为脆性破坏。其中斜拉和斜压破坏设计时通过构造措施来预防，剪压破坏是通过斜截面抗剪承载力计算来控制。

3. 适筋梁破坏经历了三个阶段，第Ⅰ阶段为未裂阶段，本阶段末的应力状态为正常使用极限状态抗裂计算的依据；第Ⅱ阶段为裂缝阶段，是一般钢筋混凝土构件的使用阶段，是裂缝宽度和变形计算的依据；第Ⅲ阶段为破坏阶段，本阶段末的应力状态是受弯构件正截面承载力计算的依据。

4. 正截面受弯承载力计算采用了四个基本假定，并将混凝土的压应力图形简化为等效矩形应力图形来代替，见图 3 - 9。

5. 本章第二节、第三节讲述了受弯构件单筋矩形截面、双筋矩形截面、T 形截面三种正截面的承载力计算公式、公式适用条件、计算方法及设计计算步骤，它是学好本课程的重要内容之一。

6. 根据影响斜截面承载力的主要因素剪跨比、配箍率等，经试验得出剪压破坏斜截面抗剪承载力计算公式。公式的适用条件是：截面尺寸应符合式（3 - 26）或式（3 - 27）要求，否则应加大截面尺寸；配箍率必须满足式（3 - 28）要求，同时还应满足箍筋间距 s $\leqslant s_{max}$ 要求。

7. 受弯构件斜截面的抗弯是通过做 M_R 图和构造措施来保证的，要求 M_R 图要把 M 图包住，钢筋弯起要满足 $a \geqslant 0.5h_0$，钢筋截断要满足充分利用点外 l_d 及理论截断点外 $20d$ 要求。

8. 受弯构件的设计是通过正截面和斜截面承载力计算来保证其强度，但还必须满足构造措施要求。本章介绍了钢筋混凝土梁、板的有关构造规定。

9. 介绍了施工图的内容，施工图的绘制，钢筋表的计算。

习 题

1. 受弯构件中适筋梁从加载到破坏经历哪几个阶段？各阶段主要特征是什么？各个阶段的应力状态是哪个极限状态的计算依据？

2. 什么叫配筋率？配筋量大小对梁的正截面承载力有何影响？对受弯构件正截面破坏形态有何影响？

3. 说明适筋破坏、超筋破坏与少筋破坏的特征有何区别？

4. 在受弯构件中，斜截面有哪几种破坏形态？它们各自的特点是什么？以哪种破坏形态作为设计计算的依据？如何防止斜压和斜拉破坏？

5. 在受弯构件中，什么是单筋截面？什么是双筋截面？在什么情况下采用双筋截面？

6. 如何初选梁的截面尺寸？

7. 在梁中分别布置有哪几种钢筋？各有什么作用？在构造上有哪些要求？

8. 混凝土保护层的作用是什么？如何确定梁、板混凝土保护层的厚度？

9. T形截面梁在设计和复核时，应如何判断截面类型？

10. 梁内纵向受力钢筋有哪些构造要求？

11. 板内配置哪些钢筋，有何要求？

12. 梁的斜截面受剪承载力由哪几部分组成？

13. 梁内箍筋有哪些作用？其主要构造要求有哪些？

14. 如何确定弯起钢筋的弯起位置？如何确定纵向钢筋的切断位置？

15. 梁内纵向钢筋伸入支座有什么要求？

16. 弯起钢筋有哪些要求？

17. 已知某矩形截面简支梁，$b \times h = 250mm \times 600mm$，承受弯矩设计值 $M = 175kN \cdot$ m（包含 γ_0、ψ），采用 C20 混凝土，Ⅱ级钢筋，该梁处于一类环境。试计算该截面所需的钢筋截面面积。

18. 已知某结构安全等级为Ⅲ级的矩形截面简支梁，$b \times h = 200mm \times 500mm$，计算跨度 $l_0 = 5.2m$，正常使用期间承受均布永久荷载的标准值（包含梁的自重）$g_k = 5kN/m$，均布可变荷载标准值 $q_k = 10kN/m$，室内正常环境条件，采用 C20 混凝土，Ⅱ级钢筋。试计算该截面所需的钢筋截面面积。

19. 已知一现浇钢筋混凝土渡槽槽身立板，板厚 $h = 300mm$，立板底面每米板宽承受最大弯矩设计值 $M = 28.6kN \cdot m$（包含 γ_0、ψ），采用 C20 混凝土，Ⅰ级钢筋。试计算所需纵向受力钢筋面积。

20. 已知某钢筋混凝土板，板厚 $h = 100mm$，采用 C20 混凝土，Ⅰ级钢筋，承受的弯矩设计值 $M = 5.28kN \cdot m$（包含 γ_0、ψ），处于二类环境条件（$c = 25mm$），试计算此板所需的受力钢筋面积。

21. 某矩形截面梁，结构安全等级为Ⅲ级，截面尺寸 $b \times h = 200mm \times 450mm$，配有单排受拉钢筋 4 Φ 16（$A_s = 804mm^2$），采用 C20 混凝土，Ⅱ级钢筋，试求正截面受弯承载力 M_u 及弯矩设计最大值 M_{max}。

22. 一钢筋混凝土矩形截面梁，截面尺寸 $b \times h = 200mm \times 500mm$，处于室内正常环境，配有受拉钢筋 5 Φ 22（$A_s = 1900mm^2$），采用 C20 混凝土，Ⅱ级钢筋，试求此梁所能承担的最大弯矩设计值 M_{max}。

23. 已知某矩形截面梁如图 3 - 38 所示，$b \times h = 250mm \times 500mm$，承受弯矩设计值 $M = 185 kN \cdot m$（含 γ_0、ψ），采用 C20 混凝土，Ⅱ级钢筋，一类环境，试计算所需受力钢筋面积（取 $a = 70mm$，$a'_s = 45mm$）。

24. 在习题 23 中，若已在受压区配了 3 Φ 22 受压钢筋，其它条件不变，试求所需的受拉钢筋截面面积。

25. 某现浇肋形楼盖次梁，计算跨度 $l_0 = 5.1m$，截面尺寸如图 3 - 38 所示。跨中弯矩设计值 $M = 120kN \cdot m$（包含 γ_0、ψ），采用 C20 混凝土，Ⅱ级钢筋，室内正常环境，试计算次梁的纵向受力钢筋截面面积。

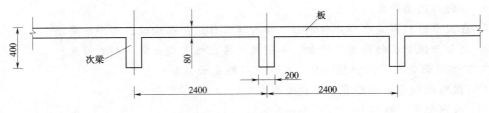

图 3-38. 题 25 图

26. 已知某吊车梁的跨度为 6m，在使用阶段跨中截面承受弯矩设计值 $M=380 \text{kN} \cdot$ m（包含 γ_0、ψ），梁的截面尺寸为：$b=300 \text{mm}$，$h=800 \text{mm}$，$b'_f=650 \text{mm}$，$h'_f=100 \text{mm}$，采用 C20 混凝土，Ⅱ级钢筋，试求受拉钢筋截面面积。

27. 一矩形截面简支梁，$b \times h=250 \text{mm} \times 550 \text{mm}$，净跨 $l_n=6 \text{m}$，承受均布荷载设计值（含自重）$q=50 \text{kN/m}$；采用 C20 混凝土，Ⅰ级箍筋，取 $a_s=40 \text{mm}$，试计算抗剪箍筋数量。

28. 某矩形截面梁如图 3-39 所示，截面尺寸 $b \times h=250 \text{mm} \times 500 \text{mm}$，承受均布荷载作用下所产生的剪力设计值 $V=180 \text{kN}$，按正截面承载力计算配置纵向受拉钢筋 4Φ22，采用 C20 混凝土，Ⅱ级纵向受力钢筋，Ⅰ级箍筋，试进行抗剪腹筋计算（取 $a_s=40 \text{mm}$）。

29. 一承受均布荷载的连续梁，截面尺寸 $b=250 \text{mm}$，$h=600 \text{mm}$，$b'_f=1800 \text{mm}$，$h'_f=80 \text{mm}$，经计算，支座边缘的剪力值 $V=100 \text{kN}$。采用 C20 混凝土，Ⅰ级箍筋，取 $a_s=60 \text{mm}$，试配置箍筋。

30. 已知某外伸梁的纵、横断面配筋如图 3-39 所示，试作出此梁的钢筋形式图，并计算出此梁的钢筋表。

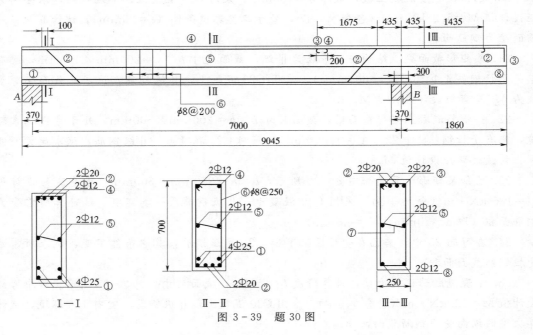

图 3-39 题 30 图

第四章　钢筋混凝土受压（拉）构件承载力

受压、受拉构件在水工混凝土结构中应用很多。我们把承受轴向压力的构件称为受压构件；把承受轴向拉力的构件称为受拉构件。

按照轴向力作用位置的不同，受压构件可分为轴心受压构件和偏心受压构件两种类型，当轴向压力 N 通过截面的重心时为轴心受压构件。轴向压力 N 偏离构件截面重心或构件同时承受轴心压力 N 和弯矩 M 作用时，则为偏心受压构件。同理，受拉构件可分为轴心受拉构件和偏心受拉构件两种类型。如图 4-1 所示。

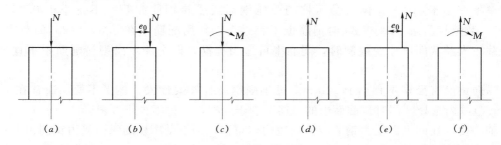

图 4-1　受压、受拉构件

(*a*) 轴心受压构件；(*b*)、(*c*) 偏心受压构件；(*d*) 轴心受拉构件；(*e*)、(*f*) 偏心受拉构件

严格地说，实际工程中真正的轴心受力构件是不存在的。由于混凝土的非均匀性、钢筋的偏位、构件尺寸的施工误差，都会导致轴向力产生偏心。当偏心很小在设计中可略去不计时，可当作轴心受力构件计算。

水利工程中，常见的受压构件有水闸工作桥支柱、渡槽的支承排架、桥墩、水电站厂房的立柱、桁架结构的上弦杆以及拱式渡槽的支承拱圈等；常见的受拉构件有压力水管、在水压力作用下的渡槽底板、矩形水池的池壁以及桁架结构的下弦杆等。

第一节　受压构件的构造要求

一、材料等级

混凝土强度等级对受压构件的承载力影响较大，为了减小截面尺寸并节省钢材，宜采用强度等级较高的混凝土，如 C20、C25、C30 等。若截面尺寸不是由强度条件确定时（如闸墩、桥墩），也可采用 C15 混凝土。

受压构件内配置的钢筋一般可用 I 级或 II 级。对受压钢筋来说，不宜采用高强钢筋，这是因为钢筋的抗压强度受到混凝土极限压应变限制，不能充分发挥其高强作用。受压钢筋也不宜采用冷拉钢筋，因为钢筋冷拉后抗压强度并不提高。

二、截面形式及尺寸

轴心受压构件一般采用方形或圆形截面；偏心受压构件常采用矩形截面，截面长边布置在弯矩作用方向，长短边尺寸比一般为1.5～2.5。

受压构件截面尺寸与长度相比不宜太小，因为构件越细长，纵向弯曲的影响越大，承载力降低得越多，不能充分利用材料的强度。水工建筑中现浇立柱其边长不宜小于300mm，否则施工缺陷所引起的影响就较为严重。如截面的长边或直径小于300mm，则在计算时混凝土强度设计值应乘以系数0.8。在水平位置浇筑的装配式柱则不受此限制。

为施工方便，截面尺寸应符合模数要求。边长在800mm以下时以50mm为模数，800mm以上者以100mm为模数。

三、纵向钢筋

受压构件的纵向钢筋，其数量不能过少，纵向钢筋太少，构件破坏时呈脆性。SL/T191－96《规范》规定当构件截面尺寸由强度条件确定时，轴心受压柱全部纵向钢筋的配筋率不得小于0.4%；偏心受压柱的受压钢筋或受拉钢筋配筋率不得小于0.25%或0.2%；数值见附录三表3。纵向钢筋也不宜过多，常用配筋率在0.8%～2%的范围内。若荷载较大及截面尺寸受限制时，配筋率可适当提高，但全部纵向钢筋配筋率不宜超过5%。

纵向钢筋直径d不宜小于12mm。过小则钢筋骨架柔性大，施工不便，通常在12～32mm范围内选择。同时，截面中的纵筋不少于4根，每边不少于2根。

轴心受压柱的纵向受力钢筋应沿周边均匀布置；偏心受压柱的纵向受力钢筋则沿垂直于弯矩作用平面的两个边布置。当偏心受压柱的截面高度$h>600$mm时，在侧面应设置直径为10～16mm的纵向构造钢筋，其间距不大于500mm，并相应地设置附加箍筋或连接拉筋。纵向钢筋间净距不应小于50mm，其最大间距（中距）也不应大于350mm；混凝土保护层厚度的要求同受弯构件，由环境条件确定，一般不小于25mm。

四、箍筋

为了防止纵向钢筋受压时向外弯凸和防止混凝土保护层横向胀裂剥落，尚应配置箍筋。柱中箍筋应做成封闭式，与纵筋绑轧或焊接形成整体骨架。

箍筋采用热轧钢筋时，其直径不小于$d/4$（d为纵向钢筋的最大直径），且不应小于6mm；采用LL550级冷轧带肋钢筋时，其直径不小于$d/5$，且不应小于5mm。

箍筋的间距s不应大于构件截面的短边尺寸，且不应大于400mm；同时在绑扎骨架中不宜大于15d，在焊接骨架中不宜大于20d（d为纵向钢筋的最小直径）。当纵向钢筋采用绑扎接头时，搭接长度范围内的箍筋应加密，间距s不应大于10d，且不大于200mm（d为纵向筋的最小直径）。

当柱中全部纵向钢筋配筋率超过3%时，箍筋直径不宜小于8mm，且应焊成封闭环式，此时箍筋间距不应大于10d（d为纵向钢筋的最小直径），且不应大于200mm。

当柱每边的纵向受力钢筋多于3根，或当截面短边尺寸不大于400mm但纵向钢筋多于4根时，应设置附加箍筋，以防止中间纵向钢筋的曲凸。其布置的原则是尽可能的使每根纵筋均处于箍筋的转角处，在纵筋布置较密的情况下，允许纵筋每隔一根位于箍筋的转角处。矩形截面柱的箍筋形式如图4－2所示。

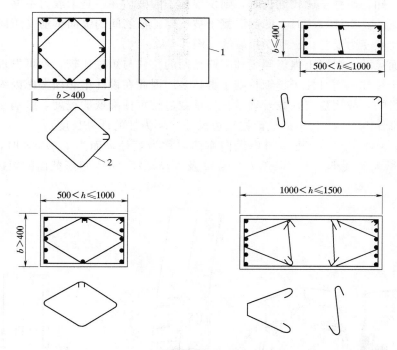

图 4-2　基本箍筋与附加箍筋
1—基本箍筋；2—附加箍筋

第二节　轴心受压构件的承载力

一、试验结果

钢筋混凝土轴心受压构件试验时，选用配有纵向钢筋和箍筋的短柱为试件，缓慢地进行加载，根据试验观察，短柱的破坏形态可分为三个阶段。

第一阶段为弹性阶段。在加载过程中，由于钢筋与混凝土之间存在粘着力，混凝土与钢筋始终保持共同变形，整个截面的应变是均匀分布的，两种材料的压应变保持一致，应力的比值基本上符合两者弹性模量之比。

第二阶段为塑性阶段。随着荷载逐渐增大，混凝土塑性变形开始发展，其变形模量降低，当柱子变形越来越大时，混凝土的应力却增加得越来越慢，而钢筋的应力却越来越快，两者的应力比值不再符合弹性模量之比。若荷载长期持续作用，混凝土将发生徐变变形，钢筋与混凝土之间会产生应力重新分配，使混凝土的应力有所减少，钢筋的应力增加。

第三阶段为破坏阶段。当轴向加载达到柱子破坏荷载的 90% 时，柱子出现与荷载方向平行的纵向裂缝如图 4-3（a），混凝土保护层剥落，箍筋间的纵向钢筋向外弯凸，混凝土被压碎而破坏如图 4-3（b），这时，混凝土的应力达到轴心抗压强度 f_c，钢筋应力也达到受压时的屈服强度 f'_y。

由试验可知：当柱子比较细长时，则发现柱子的破坏并不是承载力不够，而是由于纵向失稳所造成的。当柱破坏时，凹侧混凝土被压碎，箍筋间的纵向钢筋受压向外弯曲，凸侧则由受压突然变为受拉，出现受拉裂缝（图4-4）。

若将截面尺寸、混凝土强度等级和配筋相同的长柱与短柱比较，就可发现长柱承受的破坏荷载小于短柱，而且柱子越细长则小得越多。因此在设计中必须考虑因纵向失稳对柱子承载力的影响，故用稳定系数φ表示长柱承载力较短柱降低的程度，影响φ值的主要因素为柱的长细比l_0/b（b为矩形截面柱短边尺寸，l_0为柱的计算长度）。

当$l_0/b \leqslant 8$时，$\varphi=1$，可不考虑纵向弯曲，称为短柱，而当$l_0/b>8$时，为长柱，φ值随l_0/b的增大而减小。一般限制$l_0/b \leqslant 30$及$l_0/h \leqslant 25$（b为矩形截面的短边尺寸，h为长边尺寸）。

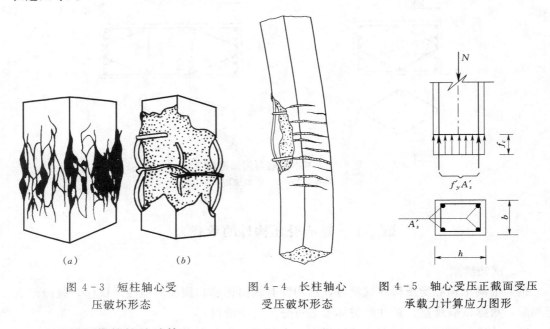

图4-3 短柱轴心受 图4-4 长柱轴心 图4-5 轴心受压正截面受压
压破坏形态   受压破坏形态   承载力计算应力图形

(a) (b)

二、普通箍筋柱的计算

（一）基本公式

根据上述受力分析，普通箍筋受压柱正截面承载力，可按下列公式计算（图4-5为轴心受压柱正截面受压承载力计算应力图）

$$N \leqslant \frac{1}{\gamma_d}\varphi(f_c A + f'_y A'_s) \qquad (4-1)$$

式中 N——轴向力设计值；

  γ_d——钢筋混凝土结构的结构系数，$\gamma_d=1.2$；

  φ——钢筋混凝土轴心受压构件稳定系数（见表4-1）；

  A——构件截面面积（当配筋率$\rho'>3\%$时，式中A应改用净截面面积A_n，$A_n=A-A'_s$）；

  f_c——混凝土的轴心抗压强度设计值；

58

A'_s——全部纵向钢筋的截面面积；

f'_y——纵向钢筋的抗压强度设计值。

表 4-1　　　　　　　　钢筋混凝土轴心受压构件的稳定系数 φ

l_0/b	≤8	10	12	14	16	18	20	22	24	26	28
l_0/i	≤28	35	42	48	55	62	69	76	83	90	97
φ	1.0	0.98	0.95	0.92	0.87	0.81	0.75	0.70	0.65	0.60	0.56
l_0/b	30	32	34	36	38	40	42	44	46	48	50
l_0/i	104	111	118	125	132	139	146	153	160	167	174
φ	0.52	0.48	0.44	0.40	0.36	0.32	0.29	0.26	0.23	0.21	0.19

注　表中 l_0 为构件计算长度，按表 4-2 计算；b 为矩形截面的短边尺寸；i 为截面最小回转半径。

在求稳定系数 φ 时，需确定受压构件的计算长度 l_0，l_0 与构件的两端支承情况有关，可由表 4-2 查得。实际工程中，支座情况并非理想的固定或不移动铰支座，应根据具体情况具体分析。

（二）截面设计

柱截面尺寸可由构造要求或参照同类结构确定。然后根据构件的长细比由表 4-1 查出 φ 值，再按式（4-1）计算钢筋截面面积：

$$A'_s = \frac{\gamma_d N - \varphi f_c A}{\varphi f'_y} \qquad (4-2)$$

钢筋面积 A'_s 求得后，可验算配筋率 ρ'（$\rho' = A'_s/A$）是否合适。如果 ρ' 过小或过大，说明截面尺寸选择不当，可重新选择。

（三）承载力复核

表 4-2　　　　构件的计算长度

构件及两端约束情况		计算长度 l_0
直杆	两端固定	0.5l
	一端固定，一端为不移动的铰	0.7l
	两端均为不移动的铰	1.0l
	一端固定，一端自由	2.0l
拱	三铰拱	0.58S
	双铰拱	0.54S
	无铰拱	0.36S

承载力复核时，构件的计算长度、截面尺寸、材料强度、纵向钢筋用量均为已知，故只需将有关数据代入式（4-1）即可求出构件所能承担的轴向力设计值。

【例 4-1】　正方形截面轴心受压柱，柱高 7.2 m，两端为不动铰支座，承受的轴心压力设计值 $N=1960.24$ kN，采用 C25 混凝土，Ⅱ级钢筋。试设计该柱。

解：

（1）基本资料：C25 混凝土　　　$f_c = 12.5$ N/mm²

　　　　　　　　Ⅱ级钢筋　　　$f'_y = 310$ N/mm²

（2）初拟截面尺寸：

轴心受压构件的承载力计算公式只有一个，而未知数有三个：φ、A、A'_s。求解时，必须假定其中一个或两个未知数，方能解决问题。一般工程上对柱的截面尺寸是根据构造要求或参考同类结构预先确定，然后根据 l_0/b 查相应的 φ 值，代入公式（4-2）即可求出 A'_s 的值。

$$设 \ b \times h = 400\text{mm} \times 400\text{mm}$$

（3）求 φ：

柱两端为不移动铰接　　　$l_0 = l = 7.2\ \text{m}$

$$l_0/b = 7200/400 = 18 \quad \varphi = 0.81$$

（4）求 A'_s：

$$
\begin{aligned}
A'_s &= \frac{\gamma_d N - \varphi f_c A}{\varphi f'_y} \\
&= \frac{1.2 \times 1960.24 \times 10^3 - 0.81 \times 12.5 \times 400^2}{0.81 \times 310} \\
&= 2916\ \text{mm}^2
\end{aligned}
$$

$\rho' = A'_s/A = 2916/400^2 = 1.8\%$ 合适。说明截面尺寸选择合理，不需要调整。

选用 $8 \, \underline{\Phi} \, 22$（$A'_s = 3041\ \text{mm}^2$）纵向受力钢筋，箍筋选用 $\phi 6$ @300。

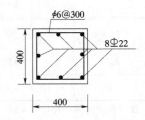

图 4-6　柱截面配筋图
（尺寸单位：mm）

第三节　偏心受压构件承载力

一、偏心受压构件的类型与判别

偏心受压构件按荷载作用位置的不同可分为单向偏心受压构件和双向偏心受压构件。本教材主要介绍单向偏心受压构件。偏心受压构件，按其截面破坏特征可划分为两类：

第一类构件受拉压破坏，习惯上称为大偏心受压构件；

第二类构件受受压破坏，习惯上称为小偏心受压构件。

1. 大偏心受压构件的破坏特征

根据实验研究，当纵向力的偏心距较大，且距纵向力较远的一侧钢筋配置不是太多时，截面一侧受压，另一侧受拉。随着荷载的增加，首先在受拉区产生横向裂缝；荷载不断增加，裂缝将不断开展，混凝土压区也不断减小。破坏时，受拉钢筋先达到屈服强度，随着钢筋的塑性伸长，混凝土压区迅速减小而被压碎，受压钢筋也达到屈服强度，这种破坏称为受拉破坏，即大偏心受压破坏，其破坏过程类似于双筋受弯构件的适筋破坏。受拉破坏具有明显的预兆，属于"塑性破坏"。图 4-7（a）为大偏心受压构件破坏时的截面应力图形。

2. 小偏心受压构件的破坏特征

当纵向力的偏心距较小，或距纵向力较远一侧钢筋配置较多时，构件截面将全部或大部分受压，这类构件称为小偏心受压构件。图 4-7（b）、图 4-7（c）为小偏心受压构件破坏时的截面应力图形。

小偏心受压构件的破坏特征是：当截面全部受压时，构件破坏前不会出现横向裂缝；当部分受压时，受拉一侧可能出现细微的横向裂缝，但发展缓慢，在构件接近破坏时，构

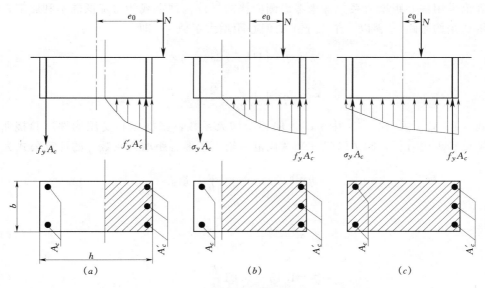

图 4-7　偏心受压构件破坏时的应力图形

件中部靠近偏心力一侧，出现明显的纵向裂缝，且急剧扩展，很快这一侧混凝土便被压碎；与此同时，受压较大一侧的纵向钢筋 A'_s 也达到抗压屈服强度；而另一侧的纵向钢筋，可能受拉，也可能受压，但一般都不会屈服。这种破坏称为受压破坏。受压破坏一般没有明显预兆，属于"脆性破坏"。

3．大、小偏心受压的界限

大偏心受压构件破坏的主要特征是破坏时受拉纵筋首先屈服，然后受压区混凝土被压碎；而小偏心受压构件破坏的主要特征是受压较大一侧混凝土首先被压碎。由此，界限破坏的特征即为：当距偏心力较远一侧受拉钢筋发生屈服的同时，距偏心力较近一侧压区混凝土也达到极限压应变而被压碎，这和受弯构件中适筋梁与超筋梁的界限破坏特征完全相同。所以，仍然可以采用界限相对受压区高度 ξ_b 来作为判断截面属于大偏心受压还是小偏心受压的界限指标。即

当 $\xi \leqslant \xi_b$ 时，截面属于大偏心受压；当 $\xi > \xi_b$ 时，截面属于小偏心受压。

这里，界限相对受压区高度 ξ_b 的取值方法与受弯构件完全相同。

二、偏心距增大系数

钢筋混凝土偏心受压构件在荷载作用下，将产生纵向弯曲变形，由于弯曲变形引起的附加偏心距会使构件的侧向挠度进一步增大，以致轴向力对长柱跨中截面重心的实际偏心距不再是初始偏心距 e_0，而增大为 $e_0 + f$（图 4-8），偏心距的增大使构件截面上的弯矩也相应的随着增大，构件承载力降低。

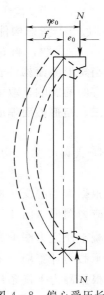

图 4-8　偏心受压长柱
的纵向弯曲影响

规范采用偏心距增大系数 η 来考虑侧向挠曲导致构件承载能力降低的不利影响；其方法是将初始偏心距 e_0 乘以一个大于 1 的偏心距增大系数 η，即

$$e_0 + f = \left(1 + \frac{f}{e_0}\right) e_0 = \eta e_0 \qquad (4-3)$$

$$\eta = 1 + \frac{f}{e_0} \qquad (4-4)$$

式（4-3）、式（4-4）中 η 即为偏心距增大系数，根据偏心受压构件试验挠曲线的实测结果和理论分析，SL/T191-96《规范》给出了偏心距增大系数 η 的计算公式为：

$$\eta = 1 + \frac{1}{1400 \dfrac{e_0}{h_0}} \left(\frac{l_0}{h}\right)^2 \zeta_1 \zeta_2 \qquad (4-5)$$

$$\zeta_1 = \frac{0.5 f_c A}{\gamma_d N} \qquad (4-6)$$

$$\zeta_2 = 1.15 - 0.01 \frac{l_0}{h} \qquad (4-7)$$

式中　e_0——轴向力对截面的偏心距，在式（4-5）中，当 $e_0 < h_0/30$ 时，取 $e_0 = h_0/30$；

　　　h_0——截面有效高度；

　　　l_0——构件的计算长度；

　　　h——截面高度；

　　　A——构件截面面积；

　　　N——轴向力设计值；

　　　ζ_1——考虑截面应变对截面曲率的影响系数，当 $\zeta_1 > 1$ 时，取 $\zeta_1 = 1$；

　　　ζ_2——考虑构件长细比对截面曲率的影响系数，当 $l_0/h \leqslant 15$ 时，取 $\zeta_2 = 1$。

当矩形截面构件长细比 $l_0/h \leqslant 8$ 时，可不考虑纵向弯曲的影响，取 $\eta = 1$。

三、矩形截面偏心受压构件正截面承载力计算公式

1. 大偏心受压构件的承载力计算公式及适用条件

根据大偏心受压构件的破坏特征及其破坏时的截面应力图形（图 4-7），并参照受弯构件取受压

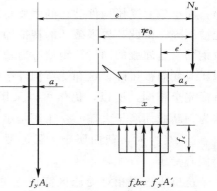

图 4-9　大偏心受压构件的正截面
承载力计算简图

区混凝土压应力图形为简化后的等效矩形应力图形，可得出图 4-9 所示的大偏心受压构件的承载力计算应力图形。

根据静力平衡条件，可建立如下基本计算公式：

$$N \leqslant \frac{1}{\gamma_d} N_d, \quad N_u = f_c bx + f'_y A'_s - f_y A_s$$

即
$$N \leqslant \frac{1}{\gamma_d}\left[f_c bx + f'_y A'_s - f_y A_s \right] \qquad (4-8)$$

$$N_u e = f_c bx\left(h_0 - \frac{x}{2} \right) + f'_y A'_s (h_0 - a'_s)$$

即
$$Ne \leqslant \frac{1}{\gamma_d}\left[f_c bx\left(h_0 - \frac{x}{2} \right) + f'_y A'_s (h_0 - a'_s) \right] \qquad (4-9)$$

对大偏心受压构件 $\qquad e = \eta e_0 + \frac{h}{2} - a_s$

式中 N——轴向压力设计值；

$\quad\ e$——轴向压力合力作用点至钢筋 A_s 合力点的距离；

$\quad\ e_0$——轴向压力合力作用点至截面重心的距离，$e_0 = M/N$。

基本公式 4-8 和式 4-9 须满足下列适用条件：

(1) $x \leqslant \xi_b h_0$ 或 $\xi \leqslant \xi_b$

(2) $x \geqslant 2a'_s$ 或 $\xi h_0 \geqslant 2a'_s$

条件（2）是保证大偏心受压破坏时受压钢筋达到屈服强度的必要条件。当 $x < 2a'_s$ 时，受压钢筋的应力达不到 f'_y，其正截面承载力可按下式计算：

$$Ne' \leqslant \frac{1}{\gamma_d} f_y A_s (h_0 - a'_s) \qquad (4-10)$$

式中 e'——轴向压力作用点至受压钢筋 A'_s 的距离，$e' = \eta e_0 - \frac{h}{2} + a'_s$。

2. 小偏心受压构件的承载力计算公式及适用条件

根据小偏心受压构件受压破坏的破坏特征，截面破坏时，受压较大一侧的纵筋 A'_s 能够达到抗压强度设计值；而另一侧的纵筋 A_s，则可能受拉，也可能受压，但不一定能达到其强度设计值。根据小偏心受压构件破坏时的截面应力图形（图 4-7），采用简化后的等效混凝土压应力，可得出图 4-10 所示小偏心受压构件的正截面承载力计算简图。

由图 4-10，根据静力平衡条件，可建立小偏心受压构件承载力计算基本公式

$$N \leqslant \frac{1}{\gamma_d}\left[f_c bx + f'_y A'_s - \sigma_s A_s \right] \qquad (4-11)$$

$$Ne \leqslant \frac{1}{\gamma_d}\left[f_c bx\left(h_0 - \frac{x}{2} \right) + f'_y A'_s (h_0 - a'_s) \right] \qquad (4-12)$$

式中 σ_s——受压破坏时，A_s 的实际应力。当 A_s 受拉时为正；A_s 受压时为负。

其余符号意义与大偏心受压构件承载力计算基本公式相同。

基本公式（4-11）、式（4-12）的适用条件是：$\xi > \xi_b$。

四、矩形截面对称配筋偏心受压构件正截面承载力计算

偏心受压构件的截面配筋形式可分为对称配筋（$A_s = A'_s$）和不对称配筋（$A_s \neq A'_s$）两种。在实际工程中，对同

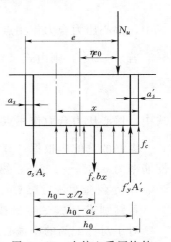

图 4-10 小偏心受压构件
正截面承载力计算
应力图形

一个控制截面，由于荷载作用方向可能改变，往往要分别承受正弯矩和负弯矩的作用，即在正弯矩时受压的钢筋，在负弯矩时将变成受拉钢筋，为便于设计和施工，一般按对称配筋进行设计。

矩形截面对称配筋偏心受压构件正截面承载力计算时，需事先确定截面尺寸、所用材料、构件的计算长度，并按力学方法确定纵向力设计值 N 及弯矩设计值 M，在此基础上通过计算确定所需钢筋 A_s 及 A'_s 的数量。具体计算步骤可归纳如下：

1. 偏心距及偏心距增大系数计算

(1) 计算偏心距：

$$e_0 = \frac{M}{N} \tag{4-13}$$

(2) 确定偏心距增大系数 η。

当 $l_0/h \leqslant 8$ 时，取 $\eta = 1$；否则，按式（4-5）计算 η。

2. 判别偏心受压构件类型

(1) 确定压区高度：

由式（4-8）并考虑对称配筋（$A_s = A'_s$），可得：

$$x = \frac{\gamma_d N}{f_c b} \tag{4-14}$$

(2) 判别大、小偏压：

若 $x \leqslant \xi_b h_0$，则为大偏心受压；若 $x > \xi_b h_0$，则为小偏心受压。

3. 大偏心受压时的配筋计算

若 $2a'_s \leqslant x \leqslant \xi_b h_0$，则按大偏心受压构件承载力计算公式确定 A'_s，并取 $A_s = A'_s$。

由式（4-9）确定纵筋数量：

$$A_s = A'_s = \frac{\gamma_d Ne - f_c bx \left(h_0 - \dfrac{x}{2}\right)}{f'_y (h_0 - a'_s)} \tag{4-15}$$

式中，偏心压力合力作用点至 A_s 合力点的距离 $e = \eta e_0 + \dfrac{h}{2} - a_s$

若 $x < 2a'_s$，则由式（4-10）计算钢筋截面面积，即

$$A_s = A'_s = \frac{\gamma_d Ne'}{f_y (h_0 - a'_s)} \tag{4-16}$$

式中，偏心压力合力作用点至 A'_s 合力点的距离 $e' = \eta e_0 - \dfrac{h}{2} + a'_s$。

纵筋的选配应根据计算需要和构造要求综合考虑。常用配筋率为 $0.8\% \sim 2\%$；经济配筋率为 $0.8\% \sim 1.2\%$；纵筋的根数与直径一般不少于 $4\phi12$。

4. 小偏心受压时配筋计算

若判别式中 $\xi > \xi_b$，则按小偏心受压构件承载力计算公式确定 A_s，并取 $A'_s = A_s$。

对于对称配筋的小偏心受压构件，规范给出了由受压承载力计算基本公式推导出的纵筋截面面积的近似计算公式：

$$A_s = A'_s = \frac{\gamma_d Ne - \xi(1 - 0.5\xi) f_c bh_0^2}{f'_y (h_0 - a'_s)} \tag{4-17}$$

此处，压区相对高度可按下式计算

$$\xi = \frac{\gamma_d N - \xi_b f_c b h_0}{\dfrac{\gamma_d N e - 0.45 f_c b h_0^2}{(0.8 - \xi_b)(h_0 - a'_s)} + f_c b h_0} + \xi_b \qquad (4-18)$$

式中 e 的取值方法同大偏心受压构件计算。

（1）利用式（4-18）重新计算受压区相对高度 ξ；

（2）按式（4-17）计算纵筋数量；

（3）选配纵筋：纵筋的选配方法及构造要求均同大偏心受压构件。

5. 垂直于弯矩作用平面的承载力校核

当构件截面尺寸在两个方向不同时，则在保证弯矩作用平面的承载力后，尚需校核垂直于弯矩作用平面的承载力。因为在轴向力较大而偏心距较小的情况下，有可能垂直于弯矩作用平面的承载力对构件起控制作用，此时应按轴心受压构件，进行垂直于弯矩作用平面的承载力计算。

偏心受压构件弯矩作用平面外的受压承载力按轴心受压构件方法确定，具体计算如前所述，此处从略。

【例 4-2】 矩形截面偏心受压柱，截面尺寸 $b \times h = 400\text{mm} \times 500\text{mm}$，计算长度为 $l_0 = 5\text{m}$，采用 C30 混凝土，Ⅱ级钢筋，承受内力设计值 $N = 1200\text{kN}$，$M = 300\text{kN} \cdot \text{m}$。试按对称配筋配置该柱钢筋。

解：

（1）计算参数：

C30 混凝土 $f_c = 15\text{N/mm}^2$，Ⅱ级钢筋 $f_y = f'_y = 310\text{N/mm}^2$，取 $a_s = a'_s = 40\text{mm}$，则 $h_0 = h - a_s = 500 - 40 = 460\text{mm}$

（2）偏心距 e_0 及偏心距增大系数 η 的确定：

$$e_0 = \frac{M}{N} = \frac{300 \times 10^6}{1200 \times 10^3} = 250 \text{ mm}$$

$\dfrac{l_0}{h} = \dfrac{5000}{500} = 10 > 8$，考虑纵向弯曲的影响。由于 $l_0/h = 10 < 15$，故取 $\zeta_2 = 1$

$$\zeta_1 = \frac{0.5 f_c A}{\gamma_d N} = \frac{0.5 \times 15 \times 400 \times 500}{1.2 \times 1200 \times 10^3} = 1.04 > 1$$

取 $\zeta_1 = 1$

$$\eta = 1 + \frac{1}{1400 \dfrac{e_0}{h_0}} \left(\frac{l_0}{h} \right)^2 \zeta_1 \zeta_2 = 1 + \frac{1}{1400 \times \dfrac{250}{460}} \times 10^2 \times 1 \times 1 = 1.13$$

（3）判别大小偏压：

压区高度 $$x = \frac{\gamma_d N}{f_c b} = \frac{1.2 \times 1200 \times 10^3}{15 \times 400}$$

$$= 240 \text{ mm} < \xi_b h_0 = 250.24 \text{ mm}$$

所以按大偏心受压构件计算。

（4）配筋计算：

$$x = 240\,\text{mm} > 2a'_s = 2 \times 40 = 80\ \text{mm}$$

$$e = \eta e_0 + \frac{h}{2} - a_s = 1.13 \times 250 + \frac{500}{2} - 40 = 492.5\ \text{mm}$$

$$A_s = A'_s = \frac{\gamma_d Ne - f_c bx\left(h_0 - \dfrac{x}{2}\right)}{f'_y(h_0 - a'_s)}$$

$$= \frac{1.2 \times 1200 \times 10^3 \times 492.5 - 15 \times 400 \times 240 \times \left(460 - \dfrac{240}{2}\right)}{310 \times (460 - 40)}$$

$$= 1686.6\ \text{mm}^2$$

受力钢筋选用 2 Φ 25＋2 Φ 22（$A_s = A'_s = 982 + 760 = 1742\text{mm}^2$）；箍筋选用 $\phi8@300$。配筋图见图 4－11。

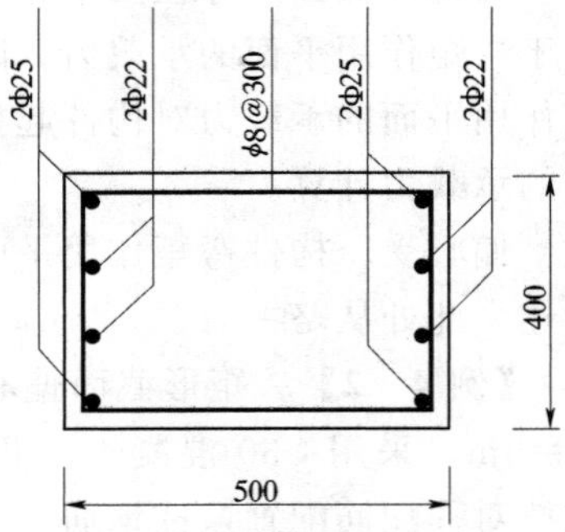

【例 4－3】 矩形截面偏心受压柱，截面尺寸 $b \times h = 300\text{mm} \times 400\text{mm}$，计算长度为 $l_0 = 3.2\text{m}$，采用 C25 混凝土、Ⅱ级钢筋，承受内力设计值 $N = 210\text{kN}$，$M = 105\text{kN} \cdot \text{m}$，采用对称配筋。试配置该柱钢筋。

解：

（1）计算参数：

C25 混凝土 $f_c = 12.5\text{N/mm}^2$；Ⅱ级钢筋 $f_y = f'_y = 310\text{N/mm}^2$。

图 4－11　柱截面配筋图

取 $a_s = a'_s = 35\text{mm}$，则 $h_0 = h - a_s = 400 - 35 = 365\text{mm}$。

（2）偏心距 e_0 及偏心距增大系数 η 的确定：

$$e_0 = \frac{M}{N} = \frac{105 \times 10^6}{210 \times 10^3} = 500\ \text{mm}$$

$\dfrac{l_0}{h} = \dfrac{3200}{400} = 8$，故取 $\eta = 1$。

（3）判别大小偏压：

受压区高度 $\quad x = \dfrac{\gamma_d N}{f_c b} = \dfrac{1.2 \times 210 \times 10^3}{12.5 \times 300} = 67.2\text{mm} < \xi_b h_0 = 198.56\ \text{mm}$

所以按大偏心受压构件计算。

（4）配筋计算：

$$x = 67.2\text{mm} < 2a'_s = 2 \times 35 = 70\ \text{mm}$$

$$e' = \eta e_0 - \frac{h}{2} + a'_s = 1 \times 500 - \frac{400}{2} + 35 = 335\ \text{mm}$$

$$A_s = A'_s = \frac{\gamma_d Ne'}{f_y(h_0 - a'_s)} = \frac{1.2 \times 210 \times 10^3 \times 335}{310 \times (365 - 35)}$$

$$= 825\ \text{mm}^2 > \rho bh_0 = 0.2\% \times 300 \times 365 = 219\ \text{mm}^2$$

选用 4 Φ 16（$A_s = A'_s = 804\text{mm}^2$）受力钢筋；箍筋选用 $\phi6@200$。配筋图见图 4－12。

【例 4－4】 矩形截面偏心受压柱，截面尺寸 $b \times h = 400\text{mm} \times 500\text{mm}$，计算长度为

$l_0 = 7.5\text{m}$，采用 C25 混凝土，Ⅱ 级钢筋，承受内力设计值 $N = 1167\text{kN}$，$M = 220\text{kN} \cdot \text{m}$，对称配筋。试配置该柱钢筋。

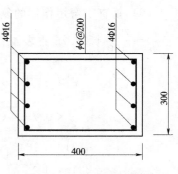

图 4-12 柱截面配筋图

解：

（1）计算参数：

C25 混凝土 $f_c = 12.5 \text{ N/mm}^2$

Ⅱ 级钢筋 $f_y = f'_y = 310 \text{ N/mm}^2$

取 $a_s = a'_s = 40\text{mm}$，则 $h_0 = h - a_s = 500 - 40 = 460\text{mm}$

（2）偏心距 e_0 及偏心距增大系数 η 的确定：

$$e_0 = \frac{M}{N} = \frac{220 \times 10^6}{1167 \times 10^3} = 188.52 \text{ mm}$$

$\frac{l_0}{h} = \frac{7500}{500} = 15 > 8$，考虑纵向弯曲的影响。由于 $l_0/h = 15$，故取 $\zeta_2 = 1$，

$$\zeta_1 = \frac{0.5 f_c A}{\gamma_d N} = \frac{0.5 \times 12.5 \times 400 \times 500}{1.2 \times 1167 \times 10^3} = 0.893 < 1$$

取 $\zeta_1 = 0.893$

$$\eta = 1 + \frac{1}{1400 \frac{e_0}{h_0}} \left(\frac{l_0}{h}\right)^2 \zeta_1 \zeta_2 = 1 + \frac{1}{1400 \times \frac{188.52}{460}} \times 15^2 \times 0.893 \times 1 = 1.35$$

（3）判别大小偏压：

压区高度 $x = \frac{\gamma_d N}{f_c b} = \frac{1.2 \times 1167 \times 10^3}{12.5 \times 400} = 280.1 \text{ mm} > \xi_b h_0 = 250.24 \text{ mm}$

所以按小偏心受压构件计算。

（4）计算 ξ 值：

按小偏心受压重新计算 ξ 值：

$$e = \eta e_0 + \frac{h}{2} - a_s = 1.35 \times 188.52 + \frac{500}{2} - 40 = 464.5 \text{ mm}$$

$$\xi = \frac{\gamma_d N - \xi_b f_c b h_0}{\frac{\gamma_d N e - 0.45 f_c b h_0^2}{(0.8 - \xi_b)(h_0 - a'_s)} + f_c b h_0} + \xi_b$$

$$= \frac{1.2 \times 1167 \times 10^3 - 0.544 \times 12.5 \times 400 \times 460}{\frac{1.2 \times 1167 \times 10^3 \times 464.5 - 0.45 \times 12.5 \times 400 \times 460^2}{(0.8 - 0.544) \times (460 - 40)} + 12.5 \times 400 \times 460} + 0.544$$

$$= 0.582$$

（5）计算钢筋截面积：

$$A_s = A'_s = \frac{\gamma_d N e - \xi(1 - 0.5\xi) f_c b h_0^2}{f'_y (h_0 - a'_s)}$$

$$= \frac{1.2 \times 1167 \times 10^3 \times 464.5 - 0.582 \times (1 - 0.5 \times 0.582) \times 12.5 \times 400 \times 460^2}{310 \times (460 - 40)}$$

$$= 1643 \text{ mm}^2 > \rho b h_0 = 0.2\% \times 400 \times 460 = 368 \text{ mm}^2$$

（6）垂直于弯矩作用的复核：

$$\frac{l_0}{b}=\frac{7500}{400}=18.75 \ \text{查表 4-1 得} \ \varphi=0.79$$

$$\frac{1}{\gamma_d}N=\frac{1}{\gamma_d}\varphi[f_c A+f'_y(A_s+A'_s)]$$

$$=\frac{1}{1.2}\times0.79\times(12.5\times400\times500$$

$$+310\times1643\times2)$$

$$=2316451 \ \text{N}$$

$$=2316.45 \ \text{kN}>N=1167 \ \text{kN}$$

满足要求。

（7）选用钢筋：

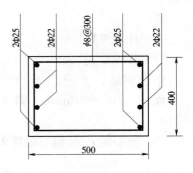

图 4-13　柱截面配筋图

选用 $2\oplus25+2\oplus22$（$A_s=A'_s=982+760=$ 1742mm^2）受力筋；箍筋选用 $\phi8@300$。配筋图见图 4-13。

第四节　受拉构件的承载力

一、轴心受拉构件

由于混凝土抗拉强度很低，开裂时极限拉应变很小，当构件承受拉力不大时，混凝土就会开裂，此时的钢筋应力却很小。因此，轴心受拉构件正截面承载力计算时，不考虑混凝土参加工作，拉力全部由纵向钢筋承担。

$$N\leqslant\frac{1}{\gamma_d}N_u, \quad N_u=f_y A_s$$

$$N\leqslant\frac{1}{\gamma_d}f_y A_s \qquad\qquad (4-19)$$

式中　　N——轴心拉力设计值；

γ_d——钢筋混凝土结构系数，$\gamma_d=1.2$；

A_s——纵向受拉钢筋截面面积；

f_y——钢筋抗拉强度设计值。

【例 4-5】　钢筋混凝土压力水管，Ⅱ级安全等级。水管的内水半径 $r=0.9\text{m}$，壁厚 200mm，正常使用情况下内水压强 $p_k=0.25\text{N/mm}^2$，荷载的分项系数 $\gamma_Q=1.2$，采用 C20 混凝土，Ⅰ级钢筋，设计状况系数 $\psi=1.0$。试配置受力钢筋。

解：Ⅰ级钢筋：$f_y=210\text{N/mm}^2$

（1）求拉力设计值：取单宽 $b=1.0\text{m}$

$$N=\gamma_0\psi\gamma_Q p_k rb$$

$$=1.0\times1.0\times1.2\times0.25\times900\times1000=270000 \ \text{N}$$

（2）求钢筋截面积 A_s：

$$A_s = \frac{\gamma_d N}{f_y} = \frac{1.2 \times 270000}{210} = 1542.9 \ \text{mm}^2$$

水管中的受力钢筋按内外环双层布置（如图 4 – 14）。内外环钢筋均为 $\phi 12@150$（A_s = 754×2 = 1508mm²）

二、偏心受拉构件承载力计算

偏心受拉构件，根据偏心轴向力的作用位置、构件的破坏特征不同，可分为小偏心受拉和大偏心受拉构件。当轴向拉力作用在 A_s 和 A'_s 之间时，为小偏心受拉；当轴向拉力作用在 A_s 和 A'_s 之外时，属大偏心受拉。

（一）小偏心受拉构件（$e_0 < h/2 - a_s$）

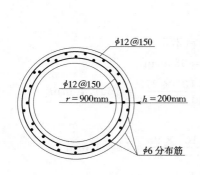

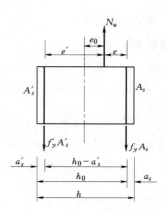

图 4 – 14　压力水管配筋图
（尺寸单位 mm）

图 4 – 15　小偏心受拉构件的正截面
承载力计算简图

小偏心受拉时，在截面开裂后不会有压区存在，破坏时必然全截面裂通，拉力完全由钢筋承担，以平衡轴向力，如图 4 – 15 所示。分别对 A_s 和 A'_s 作用点取矩，可得小偏心受拉正截面承载力计算公式：

$$Ne \leqslant \frac{1}{\gamma_d} f_y A'_s (h_0 - a'_s) \tag{4-20}$$

$$Ne' \leqslant \frac{1}{\gamma_d} f_y A_s (h_0 - a'_s) \tag{4-21}$$

式中　e——轴向拉力作用点至 A_s 合力点距离，$e = h/2 - a_s - e_0$；

　　　e'——轴向拉力作用点至 A'_s 合力点的距离，$e' = e_0 + h/2 - a'_s$；

　　　e_0——轴向力对截面重心的偏心距，$e_0 = M/N$。

由式（4 – 20）和式（4 – 21）可得：

$$A'_s \geqslant \frac{\gamma_d Ne}{f_y (h_0 - a'_s)}$$

$$A_s \geqslant \frac{\gamma_d Ne'}{f_y (h_0 - a'_s)}$$

【例 4 – 6】　一偏心受拉构件截面尺寸为 $b \times h = 300\text{mm} \times 450\text{mm}$，$a_s = a'_s = 40\text{mm}$，采用 C20 混凝土及 Ⅱ 级钢筋，轴向拉力设计值 $N = 588\text{kN}$，弯矩设计值 $M = 52.92\text{kN·m}$，

$\gamma_d = 1.2$，试计算纵向受拉钢筋的面积。

解：

（1）基本资料：

Ⅱ级钢筋 $f_y = 310 \text{N/mm}^2$，$h_0 = h - a_s = 450 - 40 = 410 \text{mm}$。

（2）判别大小偏心受拉：

$$e_0 = \frac{M}{N} = \frac{52.92 \times 10^6}{588 \times 10^3} = 90 \text{ mm}$$

$$\frac{h}{2} - a_s = \frac{450}{2} - 40 = 185 \text{ mm}$$

$e_0 < \dfrac{h}{2} - a_s$，为小偏心受拉。

（3）配筋计算：

$$e' = e_0 + h/2 - a'_s = 90 + 450/2 - 40 = 275 \text{ mm}$$

$$e = h/2 - a_s - e_0 = 450/2 - 40 - 90 = 95 \text{ mm}$$

$$A_s = \frac{\gamma_d N e'}{f_y(h_0 - a'_s)} = \frac{1.2 \times 588 \times 10^3 \times 275}{310 \times (410 - 40)} = 1691.7 \text{ mm}^2$$

选配 2 Φ 22 + 2 Φ 25（$A_s = 1742 \text{mm}^2$）

$$A'_s = \frac{\gamma_d N e}{f_y(h_0 - a'_s)} = \frac{1.2 \times 588 \times 10^3 \times 95}{310 \times (410 - 40)} = 584.4 \text{ mm}^2$$

选配 2 Φ 20（$A'_s = 628 \text{mm}^2$）。

（二）大偏心受拉构件（$e_0 > h/2 - a_s$）

大偏心受拉时，由于轴向力作用在 A_s 的外侧，截面虽开裂，但构件在整个受力过程中都存在受压区，破坏时截面不会裂通，如图 4-16 所示，根据截面应力图形可知大偏心受拉构件承载力计算公式为：

$$N \leqslant \frac{1}{\gamma_d}(f_y A_s - f'_y A'_s - f_c bx) \qquad (4-22)$$

$$Ne \leqslant \frac{1}{\gamma_d}\left[f_c bx\left(h_0 - \frac{x}{2}\right) + f'_y A'_s(h_0 - a'_s)\right]$$

$$(4-23)$$

式中 e——轴向拉力作用点至 A'_s 合力点的距离，$e = e_0 - h/2 + a_s$。

大偏心受拉构件的承载力计算公式的适用条件是：

$$2a'_s \leqslant x \leqslant \xi_b h_0$$

同时 A_s 和 A'_s 应满足最小配筋率的条件。

当 $x < 2a'_s$ 时

$$Ne' \leqslant \frac{1}{\gamma_d}f_y A_s(h_0 - a'_s) \qquad (4-24)$$

式中 e'——轴向力作用点与受压钢筋 A'_s 合力

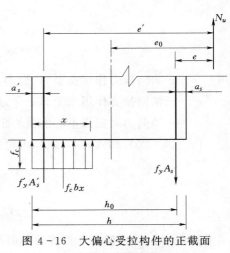

图 4-16 大偏心受拉构件的正截面
承载力计算简图

点之间的距离，$e' = \dfrac{h}{2} - a'_s + e_0$。

大偏心受拉构件的计算类同于大偏心受压构件。

本 章 小 结

1. 对于轴心受压构件，长柱的破坏荷载小于短柱。在设计中是以稳定系数 φ 来反映纵向弯曲对柱子承载力降低的影响。

2. 对于细长的偏心受压构件，在轴向压力作用下，构件会产生附加挠度 f，从而使得构件的承载力降低。因此，对细长的偏心受压构件，要考虑纵向弯曲的影响。考虑的方法是引入偏心距增大系数 η，当 $l_0/h \leqslant 8$ 时，取 $\eta = 1$，$l_0/h > 8$ 时，计算 η 值。

3. 大偏心受压构件是远离轴向力一侧的钢筋 A_s 先拉坏，属于塑性破坏；而小偏心受压构件是靠近轴向力一侧的混凝土先压坏，属于脆性破坏。由于两者的破坏性质有根本的区别，所以在计算时应首先区别属于哪一种破坏情况。

4. 轴心受拉构件的承载力是不考虑混凝土参加工作，全部拉力由纵向钢筋承担。

5. 偏心受拉构件分为大偏心受拉构件和小偏心受拉构件两种。偏心拉力在 A_s 和 A'_s 之间（即 $e_0 < h/2 - a_s$）时为小偏心受拉；当拉力作用在 A_s 和 A'_s 之外（$e_0 > h/2 - a_s$）时为大偏心受拉。

6. 小偏心受拉的受力特点类似于轴心受拉构件，破坏时拉力全部由钢筋承担。大偏心受拉的受力特点类似于受弯构件或大偏心受压构件，与大偏心受压构件及双筋受弯构件的破坏形态、应力图形、两个基本公式及公式的适用条件均类同。因此在学习过程中注意它们之间的共同点和不同点，从而对这几种构件有进一步的掌握。

习 题

1. 钢筋混凝土柱中，对纵向受力钢筋的直径、间距等有些什么规定？为什么要规定最小配筋率？

2. 在钢筋混凝土柱中，设置箍筋起什么作用？对箍筋的直径、间距有些什么要求？在什么情况下要设置构造纵筋、附加箍筋？为什么不能采用内折角箍筋？

3. 轴心受压柱的破坏特征是什么？长柱和短柱的破坏特征有何不同？计算中如何考虑长柱的影响？

4. 试推导配有纵筋和普通箍筋的轴心受压柱的承载力计算公式。

5. 什么是偏心受压构件？偏心受压短柱与长柱的破坏有何本质区别？偏心受压构件中为什么要考虑偏心距增大系数 η？

6. 钢筋混凝土偏心受压构件中有哪两种破坏，它们的破坏特征有何不同？根本区别是什么？

7. 试推导矩形截面大偏心受压构件非对称配筋时的承载力计算公式并写出其适用条件，说明其适用条件的意义是什么？

8. 试推导矩形截面偏心受压构件对称配筋时的承载力计算的基本公式。

9. 为什么偏心受压构件要进行垂直于弯矩作用平面的承载力校核？

10. 偏心受拉构件分哪几种类型？其分界是什么？其破坏特征分别是怎样的？

11. 画出大偏心受拉构件的计算应力图形，并推导其基本公式。

12. 画出小偏心受拉构件的计算应力图形，并推导其基本公式。

13. 正方形截面轴心受压柱，柱高 $6.5m$，计算长度 $l_0=9m$，柱顶承受的轴心压力设计值 $N=2000kN$，采用 C30 的混凝土，Ⅱ级钢筋。试按柱底截面设计该柱。

14. 某轴心受压柱，截面尺寸 $250mm\times250mm$，柱底固定，柱顶不移动铰接，柱高 $4m$，承受的轴心压力设计值 $N=800kN$（包括自重），采用 C20 混凝土，Ⅱ级钢筋。试计算其配筋量。若混凝土改为 C30，其余不变，试计算其配筋。分析为什么在受压构件中宜采用较高级别的混凝土。

15. 矩形截面轴心受压构件，$b\times h=400mm\times500mm$，计算长度 $l_0=8.4m$，混凝土强度等级为 C25，配有Ⅱ级纵向钢筋 8⨀20，若截面上承受轴心压力设计值 $N=1800kN$，试校核该截面是否安全？

16. 对称配筋的矩形偏心受压柱，截面尺寸 $b\times h=400mm\times600mm$，计算长度 $l_0=4.5m$，采用 C20 混凝土，Ⅱ级钢筋，承受轴向压力设计值 $N=650kN$，弯矩设计值 $M=260kN\cdot m$，试配置该柱钢筋。

17. 对称配筋的矩形截面偏心受压柱，截面尺寸 $b\times h=300mm\times500mm$，两个方向的计算长度均为 $l_0=4.9m$，采用 C30 混凝土，Ⅱ级钢筋，承受轴向压力设计值 $N=225kN$，$e_0=430mm$。试配置该柱钢筋。

18. 已知对称配筋的矩形截面偏心受压柱，截面尺寸 $b\times h=500mm\times700mm$，计算长度 $l_0=4.8m$，承受轴向压力设计值 $N=2450kN$，弯矩设计值 $M=539kN\cdot m$，采用 C25 混凝土，Ⅱ级钢筋，试配置该柱钢筋。

19. 钢筋混凝土轴心受拉构件，截面尺寸为 $b\times h=300mm\times300mm$，承受轴向拉力设计值 $N=420kN$，采用 C20 混凝土，Ⅰ级钢筋，试设计该截面。

20. 钢筋混凝土压力水管，Ⅱ级建筑物。内水压力 $p_k=0.20N/mm^2$，荷载的分项系数 $\gamma_Q=1.2$，内水半径 $r=0.8m$，壁厚 $200mm$，采用 C20 混凝土，Ⅰ级钢筋，试求 A_s 并绘出配筋图。

21. 钢筋混凝土圆形储水池，内径 $5m$，正常使用情况下水深 $H=3m$。采用 C20 混凝土，Ⅰ级钢筋，试进行设计。

22. 钢筋混凝土受拉构件，截面尺寸 $b\times h=300mm\times500mm$，承受的轴向拉力设计值 $N=150kN$，弯矩设计值 $M=15kN\cdot m$，采用 C25 混凝土，Ⅰ级钢筋，试设计该截面。

*第五章　钢筋混凝土受扭构件承载力计算

当荷载作用平面偏离构件主轴线使截面产生转角时，构件就受扭如图5-1（a）。例如，图5-1（c）所示的水闸胸墙，其顶梁及底梁与闸墩整结，墙板承受水压力而发生变形时顶、底梁也随之受扭。图5-1（b）所示的吊车梁，在吊车横向刹车力H的作用下也承受扭矩。此外，带雨篷的门过梁、曲梁及现浇框架结构中的边梁等均受扭矩作用。

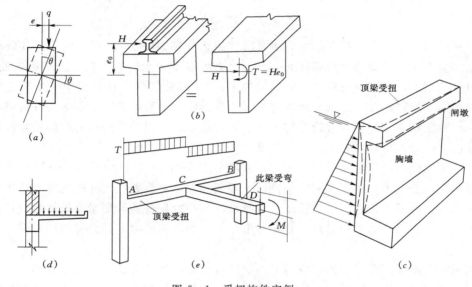

图 5-1　受扭构件实例

实际工程中纯扭构件很少，绝大多数都是处于弯矩、剪力、扭矩共同作用下的复合受扭构件。

第一节　受扭构件的构造要求

一、矩形截面纯扭构件的破坏形态

试验表明，配筋对构件的抗扭承载力有很大作用，能延迟扭转裂缝出现后构件的破坏。抗扭钢筋包括纵向钢筋和横向箍筋。尤其是横向箍筋的数量及箍筋的间距，对构件的受扭破坏的形态及受扭承载力有很大的影响。

（1）少筋破坏：如果抗扭钢筋配得过少或过稀，则配筋不起作用，此时破坏形态如图5-2（a）所示。裂缝首先出现在截面长边中点处，形成45°斜裂缝，并很快向两相邻面上以45°螺旋方向伸展，在另一长边面上出现裂缝后（压区很小）而破坏，破坏面为一空间扭曲裂面。破坏时钢筋不仅屈服，而且还可能经过流幅进入强化阶段甚至被拉断。破坏

73

过程迅速而突然，呈脆性。这类破坏称为少筋破坏。构件的破坏扭矩与开裂扭矩非常接近，设计中应予避免。

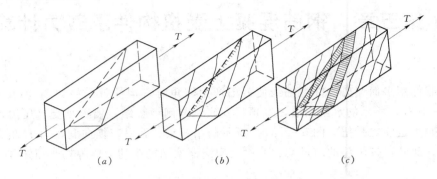

图 5-2　受扭破坏形态

（2）适筋破坏：当抗扭钢筋配置适量时，破坏形态如图 5-2（b）所示。其破坏过程为，主拉应力达到混凝土抗拉强度而开裂，原来由混凝土承担的主拉应力转由钢筋承担。随着扭矩的增大，裂缝不断展开，陆续出现多条 45°螺旋裂缝，直到其中一条裂缝所穿越的纵向钢筋及箍筋屈服，这条裂缝急速扩展，最后使一个面的混凝土压碎构件告破坏。破坏时，扭转角较大，构件具有较好的延性。因其破坏过程与受弯构件的适筋梁相似，故属于塑性破坏。破坏扭矩的大小与配筋数量有关。

（3）超筋破坏：当配筋数量过多时，破坏形态如图 5-2（c）所示，受扭构件在破坏前的螺旋裂缝会更多更密。这时，构件由于其相邻两条螺旋裂缝之间的混凝土被压碎而破坏。破坏时钢筋应力未达到屈服强度。这种破坏与受弯构件的超筋梁的破坏类似，属于脆性破坏。这类破坏称为超筋破坏。在这种情况下，钢筋强度得不到充分利用，设计中应予避免。

抗扭钢筋由纵筋和箍筋两部分组成。这两者配筋的比例对破坏强度也有影响。当其中某一种抗扭钢筋（纵筋或箍筋）用量过多时，会造成这种钢筋在构件破坏时达不到屈服强度。这种破坏称为部分超筋破坏。破坏时构件有一定的延性，设计时仍可采用，但不经济。抗扭纵筋和抗扭箍筋均未屈服的破坏如图 5-2（c）又称完全超筋破坏。

二、受扭构件配筋形式和构造要求

扭矩在构件中引起的主拉应力与构件轴线成 45°，从这一点来看，最合理的抗扭配筋应该是按扭矩所形成主拉应力的方向布置 45°螺旋箍筋所构成的钢筋骨架。但这种配筋方式不便于施工，并且只能适应一个方向的扭矩。为满足扭矩变号的要求，抗扭钢筋应由抗扭纵筋和抗扭箍筋组成，如图 5-3（a）所示。抗扭纵筋应沿截面周边对称布置，截面四角处必须放置，其间距不应大于 300mm 或截面宽度 b。抗扭纵筋的两端应伸入支座，并满足锚固长度 l_a 的要求。由于扭矩引起的剪应力在构件截面四边都有，因此抗扭箍筋必须是封闭的。采用绑扎骨架时，箍筋末端的弯钩应做成 135°，其弯钩端头平直段长度不应小于 $5d_{sv}$，（d_{sv} 为箍筋直径）和 50mm，如图 5-3（b）所示。抗扭箍筋的最大间距应满足第三章的规定。

为了充分发挥抗扭钢筋的作用，应将纵筋和箍筋的用量比控制在合理的范围之内。规

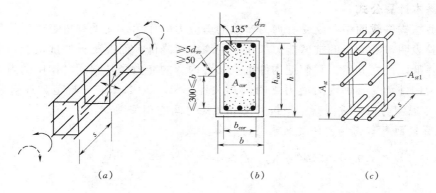

图 5-3　受扭构件配筋形式及构造要求

范中用受扭构件纵向钢筋与箍筋的配筋强度比 ζ 对钢筋用量进行控制。如图 5-3（c）所示，强度比 ζ 值可按下式计算：

$$\zeta = \frac{f_y A_{st} s}{f_{yv} A_{st1} u_{cor}} \qquad (5-1)$$

式中　f_y，f_{yv}——纵筋、箍筋的抗拉强度设计值，f_{yv} 的取值不应大于 310N/mm²；

　　　　　A_{st}——受扭计算中取沿截面周边对称布置的全部抗扭纵向钢筋截面面积；

　　　　　A_{st1}——受扭计算中沿截面周边所配置箍筋的单肢截面面积；

　　　　　s——抗扭箍筋的间距；

　　　　　u_{cor}——截面核心部分的周长，$u_{cor} = 2(b_{cor} + h_{cor})$（此处 b_{cor} 及 h_{cor} 分别为从箍筋内表面计算的截面核心部分的短边和长边的尺寸）。

　　式（5-1）也可写为 $\zeta = (f_y A_{st}/u_{cor})/(f_{yv} A_{st1}/s)$。故配筋强度比 ζ 可理解为截面核心部分周边单位长度内的抗扭纵筋承载力与沿构件长度方向单位长度内的单肢抗扭箍筋承载力之间的比值。

　　试验表明，当 ζ 值在 0.5～2.0 之间时抗扭纵筋和箍筋的应力在构件破坏时均可达到屈服强度。为稳妥起见，规范限制设计时 ζ 的取值范围为 0.6＜ζ＜1.7，当 ζ＞1.7 时，取 ζ＝1.7。设计时，常可取 ζ＝1.2。因为从施工角度来看，箍筋用量愈多，施工愈复杂，所以设计时一般纵筋用量略多一些比较合理。当箍筋间距过密（在允许范围内）时，也可调整 ζ 取值，适当减少箍筋，增加纵筋用量，以方便施工。

<h2 align="center">第二节　矩形截面弯、剪、扭构件承载力</h2>

　　在实际工程中，钢筋混凝土受扭构件大多数都是同时受有弯矩、剪力和扭矩作用的弯剪扭构件。为了简化计算，SL/T191—96《规范》规定，在弯矩、剪力和扭矩共同作用下的钢筋混凝土构件配筋可按"叠加法"进行计算，即纵向钢筋截面面积由受弯承载力和受扭承载力所需钢筋相叠加；其箍筋截面面积由受剪承载力和受扭承载力所需的箍筋相叠加。配置时应注意，抗弯纵筋应布置在受弯时的受拉区，而抗扭纵筋则应沿周边大体均匀布置，特别注意四角要配置抗扭纵筋。

一、基本计算公式

在弯剪扭构件截面中，既受有剪力产生的剪应力的作用，又受有扭矩产生的剪应力的作用。试验表明，混凝土的抗剪能力随扭矩的增大而降低，而混凝土的抗扭能力也随剪力的增大而降低。反之亦然。我们把构件抵抗某种内力的能力受其它同时作用的内力影响的性质，称为构件承受各种内力能力之间的相关性。SL/T191—96《规范》通过强度降低系数 β_t 来考虑弯剪扭构件混凝土抵抗剪力和扭矩之间的相关性。

1. 矩形截面弯剪扭构件的受扭承载力计算公式

$$T_u = T_c + T_s = \left[0.35\beta_t f_t W_t + 1.2\sqrt{\xi}\, \frac{f_{yv} A_{st1}}{s} A_{cor} \right]$$

$$T \leqslant \frac{1}{\gamma_d} T_u$$

$$T \leqslant \frac{1}{\gamma_d}(T_c + T_s) = \frac{1}{\gamma_d}\left[0.35\beta_t f_t W_t + 1.2\sqrt{\zeta}\, \frac{f_{yv} A_{st1}}{s} A_{cor} \right] \qquad (5-2)$$

$$W_t = \frac{b^2}{6}(3h - b)$$

式中　T——扭矩设计值；

$\quad T_u$——截面极限扭矩值；

$\quad \beta_t$——承载力折减系数，其取值同式（5-4）或式（5-6）；

$\quad W_t$——受扭构件截面的受扭塑性抵抗矩，对于矩形截面；

$\quad h$——矩形截面的长边尺寸；

$\quad b$——矩形截面短边尺寸；

$\quad A_{cor}$——截面核心部分的面积，对于矩形截面，$A_{cor} = b_{cor} \times h_{cor}$。

2. 矩形截面弯剪扭构件的受剪承载力计算公式

（1）一般情况

$$V_u = V_c + V_{sv}, \quad V \leqslant \frac{1}{\gamma_d} V_u$$

$$V \leqslant \frac{1}{\gamma_d}\left[0.07(1.5 - \beta_t) f_c b h_0 + 1.25 f_{yv} \frac{n A_{sv1}}{s} h_0 \right] \qquad (5-3)$$

$$\beta_t = \frac{1.5}{1 + 0.5\dfrac{V}{T} \cdot \dfrac{W_t}{b h_0}} \qquad (5-4)$$

式中　β_t——承载力折减系数，β_t 的取值范围为 0.5～1.0，当 $\beta_t < 0.5$ 时，取 $\beta_t = 0.5$；$\beta_t > 1.0$ 时，取 $\beta_t = 1.0$。

（2）对于承受集中荷载作用的矩形截面弯、剪、扭构件（包括作用有多种荷载，且集中荷载对支座截面或节点边缘产生的剪力占总剪力值75％以上的情况）：

$$V \leqslant \frac{1}{\gamma_d}\left[\frac{0.2}{\lambda + 1.5}(1.5 - \beta_t) f_c b h_0 + 1.25 f_{yv} \frac{n A_{sv1}}{s} h_0 \right] \qquad (5-5)$$

$$\beta_t = \frac{1.5}{1 + 0.17(\lambda + 1.5)\dfrac{V}{T} \cdot \dfrac{W_t}{b h_0}} \qquad (5-6)$$

同样，当 $\beta_t < 0.5$ 时，取 $\beta_t = 0.5$；$\beta_t > 1.0$ 时，取 $\beta_t = 1.0$。$\lambda = a/h_0$，a 为集中荷载作用点至支座截面或节点边缘的距离，且式中 $1.4 \leqslant \lambda \leqslant 3$。

3. 矩形截面弯、剪、扭构件的受弯承载力计算公式

同第三章受弯构件。

二、弯剪扭构件截面设计步骤

(1) 按构造要求初拟截面尺寸和材料等级。

(2) 验算截面尺寸，防止超筋破坏。当构件受扭钢筋配置过多时，将发生超筋破坏。为了防止这种破坏，规范规定，构件截面尺寸应满足：

$$\frac{V}{bh_0} + \frac{T}{W_t} \leqslant \frac{1}{\gamma_d}(0.25 f_c) \tag{5-7}$$

的要求。否则，应加大截面尺寸或提高混凝土强度等级，或同时加大截面尺寸提高混凝土强度等级。截面尺寸同时应满足 $h_w/b < 6$ 的要求。

(3) 确定计算方法：如果构件内某项内力很小，而截面尺寸较大时，则认为该内力作用下的截面承载力已经满足，在截面承载力计算时，该项内力的影响可忽略不计。

1）当符合下列条件：

$$\frac{V}{bh_0} + \frac{T}{W_t} \leqslant \frac{1}{\gamma_d}(0.7 f_t) \tag{5-8}$$

时，不需要进行剪扭承载力计算，仅按构造配置箍筋和抗扭纵筋。受弯应按计算配筋。

2）当符合下列条件：

$$V \leqslant \frac{1}{\gamma_d}(0.035 f_c b h_0) \tag{5-9}$$

或者，承受集中荷载为主的构件，当符合下列条件

$$V \leqslant \frac{1}{\gamma_d} \cdot \frac{0.1}{\lambda + 1.5} f_c b h_0 \tag{5-10}$$

时，可忽略剪力作用。箍筋数量按式（5-2）计算；纵筋数量按弯扭构件计算确定。

3）当符合下列条件：

$$T \leqslant \frac{1}{\gamma_d}(0.175 f_t W_t) \tag{5-11}$$

时，可忽略扭矩作用，按受弯构件计算。纵筋由受弯计算确定，箍筋由受剪计算确定。

若构件承担的弯矩、剪力及扭矩均不可忽略时，按弯、剪、扭构件计算承载力。即箍筋数量按剪扭构件计算，纵筋数量按弯扭构件计算。

(4) 求箍筋数量：

1）求系数 β_t：按式（5-4）或式（5-6）计算；

2）求受剪箍筋数量 A_{sv1}/s：按式（5-3）或式（5-5）计算；

3）求受扭箍筋的数量 A_{st1}/s：按式（5-2）计算，纵、箍筋强度比 ζ 值一般取为 1.2；

4）计算箍筋总数量 A_{svt1}/s：$A_{svt1}/s = A_{sv1}/s + A_{st1}/s$； $\tag{5-12}$

5）验算配箍率，确定箍筋的直径与间距：

当配箍率 $\rho_{svt} = nA_{svt1}/bs \geqslant \rho_{svt,\min}$（Ⅰ级筋 $\rho_{svt,\min} = 0.15\%$；Ⅱ级筋 $\rho_{svt,\min} = 0.1\%$；）

时，可先按构造要求假定箍筋直径 d，求算单肢箍筋的截面面积 $A_{stv1实}$，再由 A_{st1}/s 的值，求出箍筋间距 s，$s=A_{stv1实}/(A_{st1}/s)$；当配箍率 $\rho_{svt}<\rho_{svt,min}$ 时，应取 $\rho_{svt}=\rho_{svt,min}$ 配箍筋，并满足构造要求。

（5）按正截面承载力计算受弯纵筋数量 A_s。

（6）计算受扭纵筋数量 A_{st}：

1）受扭纵筋数量：将已求得的单侧箍筋数量 A_{st1}/s，代入式（5-1），即可求得受扭纵筋的截面面积。

$$A_{st}=\frac{f_{yv}}{f_y}\frac{A_{st1}}{s}u_{cor}\zeta$$

2）验算纵筋配筋率：

$$\rho_{st}=\frac{A_{st}}{bh}\geqslant\rho_{st,min}$$

规范规定，Ⅰ级钢筋 $\rho_{st,min}=0.3\%$；Ⅱ级钢筋 $\rho_{st,min}=0.2\%$。

（7）叠加受扭纵筋截面积 A_{st} 和受弯纵筋截面积 A_s。

（8）配置受力钢筋，绘制截面配筋图。

【例 5-1】　某雨篷如图 5-4 所示，雨篷板上承受均布荷载（恒载，包括自重）：$g_k=2.5\text{kN/m}^2$，在雨篷自由端沿板宽方向每米承受活荷载 $Q_k=1.0\text{kN/m}$。雨篷梁承受自重及上面墙体传来的荷载设计值共计 23kN/m，其截面尺寸 $b\times h=360\text{mm}\times240\text{mm}$，计算跨度 $l_0=2.8\text{m}$，采用混凝土为 C20，钢筋为 Ⅰ级，试配置雨篷梁的钢筋（按 Ⅱ 级安全等级，持久设计状况）。

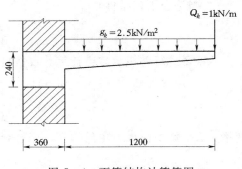

图 5-4　雨篷结构计算简图
（尺寸单位：mm）

解：

（1）资料：

C20 混凝土　$f_c=10\text{ N/mm}^2$，$f_t=1.1\text{ N/mm}^2$，

Ⅰ级钢筋　$f_y=210\text{ N/mm}^2$

Ⅱ级安全等级 $\gamma_0=1.0$，持久设计状况 $\psi=1.0$，截面有效高度 $h_0=h-a_s=240-35=205\text{mm}$

（2）计算雨篷梁的最大内力设计值：

1）计算最大扭矩：

板上均布荷载产生的力偶：　$m_g=1.05\times2.5\times1.2\times\dfrac{1.2+0.36}{2}=2.457\text{ kN}\cdot\text{m/m}$

板边缘处的均布荷载产生的力偶：　$m_p=1.2\times1\times\left(1.2+\dfrac{0.36}{2}\right)=1.656\text{ kN}\cdot\text{m/m}$

　　　总力偶　$m=m_g+m_p=2.457+1.656=4.113\text{ kN}\cdot\text{m/m}$

在雨篷梁支座截面产生的扭矩最大，其值为：

$$T=\gamma_0\psi\frac{ml_0}{2}=1.0\times1.0\times\frac{4.113\times2.8}{2}=5.758\text{ kN}\cdot\text{m}$$

2）计算最大剪力：

沿梁纵向的均布荷载设计值　$p = 1.05 \times 2.5 \times 1.2 + 1.2 \times 1 + 23 = 27.35 \ \text{kN/m}$

则最大剪力发生在支座处，其值为

$$V = \gamma_0 \psi \frac{p l_0}{2} = 1.0 \times 1.0 \times \frac{27.35 \times 2.8}{2} = 38.29 \ \text{kN}$$

3）计算最大弯矩：

最大弯矩发生在跨中，其值为

$$M = \gamma_0 \psi \frac{1}{8} p l_0^2 = 1.0 \times 1.0 \times \frac{1}{8} \times 27.35 \times 2.8^2 = 26.80 \ \text{kN} \cdot \text{m}$$

（3）验算截面尺寸：

$$W_t = \frac{1}{6} b^2 (3h - b) = \frac{1}{6} \times 240^2 \times (3 \times 360 - 240) = 8.064 \times 10^6 \ \text{N} \cdot \text{mm}$$

$$\frac{V}{b h_0} + \frac{T}{W_t} = \frac{38290}{360 \times 205} + \frac{5.758 \times 10^6}{8.064 \times 10^6} = 1.233 \ \text{N/mm}^2$$

$$\frac{1}{\gamma_d} 0.25 f_c = \frac{1}{1.2} \times 0.25 \times 10 = 2.083 \ \text{N/mm}^2$$

$$\frac{V}{b h_0} + \frac{T}{W_t} < \frac{1}{\gamma_d} 0.25 f_c$$

截面尺寸满足要求。

（4）确定计算方法：

1）由于 $\dfrac{1}{\gamma_d} 0.70 f_t = \dfrac{1}{1.2} \times 0.70 \times 1.1 = 0.64 \ \text{N/mm}^2$

$$\frac{V}{b h_0} + \frac{T}{W_t} > \frac{1}{\gamma_d} 0.70 f_t, \quad \text{故需进行剪扭承载力验算。}$$

2）由于 $(0.035 f_c b h_0) / \gamma_d = (0.035 \times 10 \times 360 \times 205) / 1.2 = 21525 \ N < V$ 故不能忽略剪力的影响。

3）由于 $(0.175 f_t W_t) / \gamma_d = (0.175 \times 1.1 \times 8.064 \times 10^6) / 1.2$

$$= 1294 \times 10^6 \ \text{N} \cdot \text{mm} = 1.294 \ \text{kN} \cdot \text{m} < T$$

故不能忽略扭矩的影响。

应按弯、剪、扭构件计算承载力。

（5）求箍筋数量：

1）计算 β_t：

$$\beta_t = \frac{1.5}{1 + 0.5 \dfrac{V}{T} \dfrac{W_t}{b h_0}} = \frac{1.5}{1 + 0.5 \times \dfrac{38290}{5.758 \times 10^6} \times \dfrac{8.064 \times 10^6}{360 \times 205}} = 1.1 > 1.0$$

取 $\beta_t = 1.0$。

2）求单侧受剪箍筋数量：由 $V \leqslant \dfrac{1}{\gamma_d} \left[0.07 (1.5 - \beta_t) f_c b h_0 + 1.25 f_{yv} \dfrac{n A_{sv1}}{s} h_0 \right]$ 得

$$\frac{A_{sv1}}{s} = \frac{\gamma_d V - 0.07 (1.5 - \beta_t) f_c b h_0}{1.25 f_{yv} n h_0}$$

$$=\frac{1.2 \times 38290 - 0.07 \times (1.5 - 1) \times 10 \times 360 \times 205}{1.25 \times 210 \times 2 \times 205} = 0.187 \ \text{mm}^2/\text{mm}$$

3）求单侧受扭箍筋数量：

根据经验，取 $\zeta = 1.2$

$$A_{cor} = b_{cor} h_{cor} = (240 - 2 \times 25)(360 - 2 \times 25) = 58900 \ \text{mm}^2$$

由 $T \leqslant \dfrac{1}{\gamma_d} \left[0.35 \beta_t f_t W_t + 1.2 \sqrt{\zeta} \dfrac{f_{yv} A_{st1} A_{cor}}{s} \right]$ 得

$$\frac{A_{st1}}{s} = \frac{\gamma_d T - 0.35 \beta_t f_t W_t}{1.2 \sqrt{\zeta} f_{yv} A_{cor}}$$

$$= \frac{1.2 \times 5.758 \times 10^6 - 0.35 \times 1.0 \times 1.1 \times 8.064 \times 10^6}{1.2 \times \sqrt{1.2} \times 210 \times 58900} = 0.234 \ \text{mm}^2/\text{mm}$$

4）计算单侧箍筋总数量：

$$\frac{A_{svt1}}{s} = \frac{A_{sv1}}{s} + \frac{A_{st1}}{s} = 0.187 + 0.234 = 0.421 \ \text{mm}^2/\text{mm}$$

选用箍筋 $\phi 8$，则 $A_{svt1实} = 50.3 \ \text{mm}^2$

则箍筋间距为 $s = \dfrac{50.3}{0.421} = 119.5 \ \text{mm}$　取 $s = 100 \ \text{mm}$

5）验算配箍率：

$$\rho_{svt} = \frac{n A_{svt1实}}{bs} = \frac{2 \times 50.3}{360 \times 100} = 0.279\% > \rho_{svt\min} = 0.15\%$$

满足要求。

（6）计算纵筋的数量：

1）受弯纵筋数量 A_s：

$$\alpha_s = \frac{\gamma_d M}{f_c b h_0^2} = \frac{1.2 \times 26.80 \times 10^6}{10 \times 360 \times 205^2} = 0.213$$

$$\xi = 1 - \sqrt{1 - 2\alpha_s} = 1 - \sqrt{1 - 2 \times 0.213} = 0.242 < \xi_b$$

$$\rho = \xi \frac{f_c}{f_y} = 0.242 \times \frac{10}{210} = 0.012 > \rho_{\min}$$

$$A_s = \rho b h_0 = 0.012 \times 360 \times 205 = 885 \ \text{mm}^2$$

2）受扭纵筋数量 A_{st}：

$$u_{cor} = 2(b_{cor} + h_{cor}) = 2 \times (310 + 190) = 1000 \ \text{mm}$$

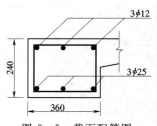

图 5-5　截面配筋图
（尺寸单位：mm）

$$A_{st} = \frac{f_{yv}}{f_y} \frac{A_{st1}}{s} u_{cor} \zeta = \frac{210}{210} \times 0.234 \times 1000 \times 1.2 = 280.8 \ \text{mm}^2$$

$$\rho_{st} = \frac{A_{st}}{bh} = \frac{280.8}{240 \times 360} = 0.325\% > \rho_{st\min} = 0.3\%$$

3）纵筋选配：

受扭纵筋选用 $6\phi 12$　　（$A_{st} = 678 \text{mm}^2$）

故上部纵筋选用 $3\phi 12$

下部纵筋面积应为 339（$3\phi 12$）＋885（受弯纵筋面积）

＝1224 mm²，选用 3ϕ25 （A_s＝1473 mm²）

配筋图见图 5－5。

本 章 小 结

1. 无论在构件截面中是否存在其它内力，只要在截面中有扭矩作用，习惯上就称为受扭构件。在工程中常见的是弯、剪、扭同时存在的构件，严格说来，这种构件应称为弯剪扭构件。

钢筋混凝土受扭构件，由混凝土、抗扭箍筋和抗扭纵筋来抵抗由外载在构件截面内产生的扭矩。

2. 钢筋混凝土矩形截面受纯扭时的破坏形态，也分为：少筋破坏、适筋破坏和超筋破坏。适筋破坏是正常破坏形态，少筋和超筋破坏是非正常破坏。通过计算防止适筋破坏，通过最小配箍率和最小纵筋配筋率防止少筋破坏；通过限制截面尺寸防止超筋破坏。

3. 在剪扭构件截面中，由于剪力和扭矩之间的相关性，导致混凝土的抗剪能力和抗扭能力降低。《规范》是通过强度降低系数 β_t 来考虑剪扭构件混凝土抵抗剪力和扭矩之间的相关性的。

4. 钢筋混凝土弯剪扭构件的计算主要步骤是：验算构件的截面尺寸；确定计算方法；确定抗剪及抗扭箍筋数量，并叠加求得总箍筋数量；确定抗扭纵筋数量及抗弯纵筋数量，并将同位置纵筋数量叠加配筋并画配筋图。

习 题

1. 什么样的构件属于受扭构件？举例说出实际工程中的受扭构件。

2. 弯剪扭构件如何配置受力钢筋？

3. 在计算受扭构件时，配筋强度比 ζ 的含义是什么？起什么作用？其限值范围是怎样的？

4. 简述弯剪扭构件承载力的计算方法。

5. 钢筋混凝土矩形截面受扭构件，截面尺寸为 $b \times h$＝250mm×500mm，截面上承受的扭矩设计值为 T＝12kN·m，弯矩设计值为 M＝9.5kN·m，剪力设计值为 V＝110kN·m 采用 C20 混凝土，Ⅰ级钢筋，试计算其配筋。

6. 雨篷剖面见图 5－6。雨篷板上承受均布荷载（包括板自重）设计值 g＝3.2kN/m²，在雨篷自由端沿板宽方向每米承受活荷载设计值 Q＝1.2kN/m。雨篷梁截面尺寸 240mm× 240mm，计算跨度 3.0m，混凝土强度等级为 C20，Ⅰ级钢筋。经计算知：雨篷梁最大弯矩设计值 M_{max}＝13.2kN·m，最大剪力设计值 V_{max}＝14.5kN。

试确定雨篷梁的配筋数量，并绘出其剖面图。

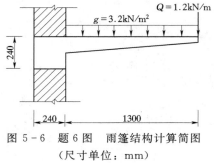

图 5－6 题 6 图 雨篷结构计算简图
（尺寸单位：mm）

7. 溢洪道闸门上的胸墙，截面尺寸如图 5-7 (a) 所示，闸墩之间的净距为 8m，胸墙与闸墩整体浇筑，在水压力作用下顶梁的内力（均为设计值）如图 5-7 (b) 所示。水闸为 3 级建筑物，采用 C20 混凝土，Ⅰ 级钢筋，试配置顶梁的钢筋。

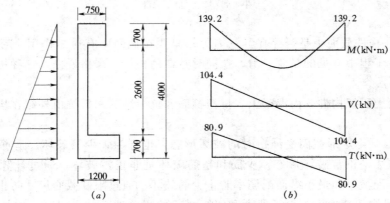

图 5-7　题 7 图　胸墙计算简图及内力图（尺寸单位：mm）

(a) 截面尺寸；(b) 内力图

第六章　钢筋混凝土构件正常使用
极限状态验算

在水工建筑中，裂缝是一个相当重要的问题。随着材料日益向高强、轻质方向发展，构件截面尺寸在进一步缩小，裂缝宽度验算及变形问题会变得更加突出，需要对钢筋混凝土结构进行正常使用极限状态验算，即进行抗裂、裂缝开展宽度及挠度验算。抗裂、裂缝宽度及挠度验算是在结构承载力得到保证的前提下，按正常使用条件进行的验算。因此，荷载分项系数、材料分项系数取 1.0，即荷载及材料强度均采用标准值，结构系数及设计状况系数也取 1.0。结构变形、裂缝宽度等均与活荷载作用持续时间的长短有关，在进行正常使用极限状态验算时，需按荷载效应的短期组合和长期组合两种情况分别进行验算。

第一节　抗　裂　验　算

在水工建筑中，特别是承受水压力的建筑，裂缝的存在会降低抗渗性和抗冻性，从而影响钢筋混凝土结构的耐久性。SL/T191—96《规范》规定，承受水压力的轴心受拉、小偏心受拉以及发生裂缝后会引起严重渗漏的其他构件（如渡槽槽身等），应进行抗裂验算。

一、轴心受拉构件的抗裂验算

用材料力学轴心受拉公式来进行抗裂验算。但由于钢筋混凝土是非匀质的且钢筋与混凝土的弹性模量不同，用材料力学公式时需要把钢筋面积换算成与混凝土具有相同弹性模量的等量混凝土面积。即截面积为 A_s 的纵向受拉钢筋相当于截面面积 $\alpha_E A_s$ 的混凝土面积。由此，构件截面总的换算截面面积为 $A_0 = A_c + \alpha_E A_s$。引用材料力学公式，可得出轴心受拉构件抗裂拉力 N_{cr} 公式为：

$$N_{cr} = f_{tk} A_0$$

实际工程中，裂缝会使结构渗漏，影响环境和结构的耐久性，而且易在裂缝面上形成渗透压力。为此，应对上式 f_{tk} 乘以混凝土拉应力限制系数 α_{ct}，并按荷载效应的短期组合和长期组合分别进行抗裂验算：

$$N_s \leqslant \alpha_{ct} f_{tk} A_0 \tag{6-1}$$

$$N_l \leqslant \alpha_{ct} f_{tk} A_0 \tag{6-2}$$

式中　N_s、N_l——分别按荷载效应的短期组合及长期组合计算的轴向力值；

α_{ct}——混凝土拉应力限制系数，荷载效应短期组合取 0.85；长期组合取 0.7；

f_{tk}——混凝土轴心抗拉强度标准值；

A_0——换算截面面积，$A_0 = A_c + \alpha_E A_s$，其中 α_E 为钢筋弹性模量与混凝土弹性模量之比（$\alpha_E = E_s/E_c$），A_s、A_c 分为钢筋截面面积和混凝土截面面积。

二、受弯构件的抗裂验算

与轴心受拉构件同样的道理，把构件看作截面面积为 A_0 的匀质弹性体，并考虑混凝土塑性，f_{tk} 折算成 $\gamma_m f_{tk}$，γ_m 称为截面抵抗矩塑性系数。引用材料力学公式，可得出受弯构件抗裂弯矩 M_{cr} 的计算公式：

$$M_{cr} = \gamma_m f_{tk} W_0$$

同样地，在进行抗裂验算时，应对上式 f_{tk} 乘以混凝土拉应力限制系数 α_{ct}，并按荷载效应的短期组合和长期组合分别进行抗裂验算：

$$M_s \leqslant \gamma_m \alpha_{ct} f_{tk} W_0 \tag{6-3}$$

$$M_l \leqslant \gamma_m \alpha_{ct} f_{tk} W_0 \tag{6-4}$$

$$W_0 = \frac{I_0}{h - y_0}$$

式中　M_s、M_l——分别按荷载效应短期组合及长期组合
计算的弯矩值；

γ_m——截面抵抗矩塑性系数；一般常用截面
γ_m 值见附录三表 4；

α_{ct}——混凝土拉应力限制系数，取值同轴心
受拉构件；

W_0——换算截面对受拉边缘弹性抵抗矩；

I_0、y_0——分别为换算截面对其重心轴的惯性矩
和换算截面重心至受压边缘的距离，
计算方法与材料力学公式完全一致；
对于双筋工字形截面（图 6-1）

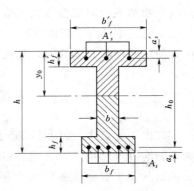

图 6-1　双筋工字形截面

$$y_0 = \frac{\frac{bh^2}{2} + (b'_f - b)\frac{h'^2_f}{2} + (b_f - b)h_f\left(h - \frac{h_f}{2}\right) + \alpha_E A_s h_0 + \alpha_E A'_s a'_s}{bh + (b_f - b)h_f + (b'_f - b)h'_f + \alpha_E A'_s + \alpha_E A_s} \tag{6-5}$$

$$I_0 = \frac{b'_f y_0^3}{3} - \frac{(b'_f - b)(y_0 - h'_f)^3}{3} + \frac{b_f(h - y_0)^3}{3} - \frac{(b_f - b)(h - y_0 - h_f)^3}{3}$$

$$+ \alpha_E A_s(h_0 - y_0)^2 + \alpha_E A'_s(y_0 - a'_s)^2 \tag{6-6}$$

对于矩形、T 形或倒 T 形截面，只需在工字形截面的基础上去掉无关项即可。对单筋矩形截面的 I_0、y_0 也可按下列公式计算：

$$y_0 = (0.5 + 0.425\alpha_E \rho)h \tag{6-7}$$

$$I_0 = (0.0833 + 0.19\alpha_E \rho)bh^3 \tag{6-8}$$

式中　α_E——钢筋弹性模量与混凝土弹性模量之比，$\alpha_E = E_s/E_c$；

ρ——纵向受拉钢筋配筋率，$\rho = A_s/bh_0$。

三、偏心受拉构件的抗裂验算

在荷载效应的短期组合及长期组合下，偏心受拉构件可按下列公式进行验算：

$$\frac{M_s}{W_0} + \frac{\gamma_m N_s}{A_0} \leqslant \gamma_m \alpha_{ct} f_{tk} \tag{6-9}$$

$$\frac{M_l}{W_0} + \frac{\gamma_m N_l}{A_0} \leqslant \gamma_m \alpha_{ct} f_{tk} \tag{6-10}$$

式中 N_s、N_l——分别为按荷载效应短期组合及长期组合计算的轴向力，其它符号同前。

四、偏心受压构件

在荷载效应的短期组合及长期组合下，偏心受压构件可按下列公式进行验算：

$$\frac{M_s}{W_0} - \frac{N_s}{A_0} \leqslant \gamma_m \alpha_{ct} f_{tk} \tag{6-11}$$

$$\frac{M_l}{W_0} - \frac{N_l}{A_0} \leqslant \gamma_m \alpha_{ct} f_{tk} \tag{6-12}$$

【例 6-1】 某水闸（3 级建筑物）底板厚 $h = 1600\text{mm}$，$h_0 = 1530\text{mm}$，在荷载标准值作用下，跨中截面承受短期组合下的弯矩 $M_s = 580\text{kN} \cdot \text{m}$，C20 混凝土，$f_{tk} = 1.5\text{kN}/\text{mm}^2$，Ⅱ级钢筋，底板配筋为 Φ18@110，（$A_s = 2313\text{mm}^2$），试验算底板在短期组合下是否抗裂。

解： 取单宽板带为计算单元，$b = 1000\text{mm}$。

（1）求 γ_m 值：$\gamma_m = 1.55 \times \left(0.7 + \dfrac{300}{h}\right) = 1.376$

（2）确定截面特征值 I_0、y_0：$\alpha_E = \dfrac{E_s}{E_c} = \dfrac{2 \times 10^5}{2.55 \times 10^4} = 7.84$

$$\rho = \frac{A_s}{bh_0} = \frac{2313}{1000 \times 1530} = 0.151\%$$

$y_0 = (0.5 + 0.425\alpha_E \rho)h = (0.5 + 0.425 \times 7.84 \times 0.151\%) \times 1600 = 808 \text{ mm}$

$I_0 = (0.0833 + 0.19\alpha_E \rho)bh^3$

$\quad = (0.0833 + 0.19 \times 7.84 \times 0.151\%) \times 1000 \times 1600^3 = 3.504 \times 10^{11} \text{ mm}^4$

（3）验算短期组合下是否抗裂：

$\gamma_m \alpha_{ct} f_{tk} W_0 = 1.376 \times 0.85 \times 1.5 \times 4.424 \times 10^8 = 776 \text{ kN} \cdot \text{m} > M_s = 580 \text{ kN} \cdot \text{m}$

故抗裂满足要求。

第二节 裂缝开展宽度的验算

裂缝有直接荷载作用引起的和非荷载因素引起的两种。对于非荷载因素如水化热、温度变化、收缩、基础不均匀沉降等产生的裂缝，主要通过合理的结构方案及构造措施来控制。裂缝开展宽度的验算仅限于荷载作用产生的裂缝宽度的验算。

SL/T191—96《规范》规定，应按荷载效应短期组合和长期组合两种情况分别进行裂缝宽度的验算，构件最大裂缝开展宽度 ω_{max} 不应超过 SL/T191—96《规范》规定的允许最大裂缝宽度 $[\omega_{max}]$（表 6-1）。

对于矩形、T 形及工字形截面的钢筋混凝土受拉、受弯和大偏心受压构件的最大裂缝宽度可按下式计算：

表 6 - 1 **最大裂缝宽度允许值（mm）**

环境条件类别	最大裂缝宽度允许值		环境条件类别	最大裂缝宽度允许值	
	短期组合	长期组合		短期组合	长期组合
一	0.40	0.35	三	0.25	0.20
二	0.30	0.25	四	0.15	0.10

注　1. 当结构构件承受水压且水力梯度 $i>20$ 时，表列数字宜减小 0.05。水力梯度系数系指作用水头与该处结构厚度之比；

　　2. 结构构件的混凝土保护层厚大于 50mm 时，表列数字可增加 0.05；

　　3. 结构构件表面设有专门的防渗面层等防护措施时，最大裂缝宽度允许值可适当加大。

$$\omega_{\max} = \alpha_1 \alpha_2 \alpha_3 \frac{\sigma_{ss}}{E_s} \left(3c + 0.1 \frac{d}{\rho_{te}} \right) \qquad (6-13)$$

$$\omega_{\max} = \alpha_1 \alpha_2 \alpha_3 \frac{\sigma_{sl}}{E_s} \left(3c + 0.1 \frac{d}{\rho_{te}} \right) \qquad (6-14)$$

$$\rho_{te} = A_s / A_{te}$$

$$d = 4A_s / u$$

式中　α_1——构件受力特征系数，受弯和偏心受压构件取 1.0；偏心受拉构件取 1.15；轴心受拉构件取 1.3；

　　α_2——钢筋表面特征系数，变形钢筋取 1.0，光面钢筋取 1.4；

　　α_3——荷载长期作用影响系数，荷载效应短期组合取 1.5，长期组合取 1.6；

　　c——混凝土保护层厚度，当 $c<20$mm 时，取 $c=20$mm；当 $c>65$mm 时，取 $c=65$mm；

　　d——受拉钢筋直径，当直径不同时用换算直径；

　　u——钢筋总周长；

　　ρ_{te}——纵向受拉钢筋的有效配筋率，当 $\rho_{te}<0.03$ 时，取 $\rho_{te}=0.03$；

　　A_s——受拉区纵筋面积。受弯、大偏拉及大偏压构件，A_s 取受拉区钢筋截面面积，小偏拉 A_s 取拉应力较大一侧的钢筋截面面积，对轴心受拉构件，A_s 取全部纵筋截面面积；

　　A_{te}——有效受拉混凝土截面面积。受弯、大偏拉及大偏压构件，取其重心与受拉钢筋重心相一致的混凝土面积，$A_{te}=2a_s b$，其中 a_s 为受拉钢筋重心距截面受拉边缘的距离，b 为矩形截面宽度；小偏拉构件，A_{te} 为拉应力较大一侧钢筋的相应有效受拉混凝土截面面积；轴心受拉构件，$A_{te}=2a_s l_s$，其中 l_s 为受拉钢筋重心连线的总长；

σ_{ss}、σ_{sl}——分别按荷载效应短期组合及长期组合计算的构件纵向受拉钢筋应力。

轴心受拉构件 $\qquad\qquad\qquad \sigma_{ss} = \dfrac{N_s}{A_s} \qquad\qquad\qquad\qquad (6-15)$

$$\sigma_{sl} = \frac{N_l}{A_s} \qquad\qquad\qquad\qquad (6-16)$$

受弯构件 $\qquad\qquad\qquad \sigma_{ss} = \dfrac{M_s}{0.87 A_s h_0} \qquad\qquad\qquad (6-17)$

$$\sigma_{sl} = \frac{M_l}{0.87 A_s h_0} \qquad (6-18)$$

对其它受力构件 σ_{ss}、σ_{sl} 的计算公式可由规范查得。

【例 6-2】 一矩形截面梁，$b \times h = 300\text{mm} \times 800\text{mm}$，$c = 25\text{mm}$，$a_s = 65\text{mm}$，采用 C20 混凝土，6 根 25 的 Ⅱ 级钢筋（$A_s = 2945\text{mm}^2$），承受短期组合下的弯矩 $M_s = 440\text{kN} \cdot \text{m}$，试验算裂缝宽度在荷载效应短期组合下是否满足允许最大裂缝宽度 $[\omega_{\max}] = 0.25\text{mm}$ 的要求。

解： (1) 求钢筋应力：

$$\sigma_{ss} = \frac{M_s}{0.87 h_0 A_s} = \frac{440 \times 10^6}{0.87 \times 735 \times 2945} = 234 \text{ N/mm}^2$$

(2) 求 A_{te} 和 ρ_{te}：

$$A_{te} = 2 a_s b = 2 \times 65 \times 300 = 39000 \text{ mm}^2$$

$$\rho_{te} = A_s / A_{te} = 2945 / 39000 = 0.076$$

(3) 验算裂缝宽度是否满足要求：

$$\omega_{\max} = \alpha_1 \alpha_2 \alpha_3 \frac{\sigma_{ss}}{E_s} \left(3c + 0.1 \frac{d}{\rho_{te}} \right)$$

$$= 1.0 \times 1.0 \times 1.5 \times \frac{234}{2.0 \times 10^5} \times \left(3 \times 25 + 0.1 \times \frac{25}{0.076} \right)$$

$$= 0.19 \text{ mm} < [\omega_{\max}] = 0.25 \text{ mm}, \quad \text{故裂缝宽度验算满足要求。}$$

第三节 变 形 验 算

在水工建筑物中，由于稳定和使用上的要求，截面尺寸设计较大，变形一般都满足要求。对于严格限制变形的构件，如吊车梁变形过大时会妨碍它正常行驶；闸门顶梁变形过大时会使闸门顶梁与胸墙底梁之间止水失效，要进行变形验算。

钢筋混凝土梁的变形计算仍用材料力学中求变形的方法，但钢筋混凝土梁的抗弯刚度 EI（规范中用 B 表示）它不是一个常量。钢筋混凝土受弯构件的挠度计算，实质上是如何确定其截面抗弯刚度。

构件在短期效应组合下的刚度称为短期刚度 B_s，考虑荷载持久作用时混凝土徐变对挠度影响后的截面刚度称为长期刚度 B_l。使用阶段的挠度计算应该采用长期刚度 B_l，它可由短期刚度 B_s 求得。

一、短期刚度 B_s

1. 不出现裂缝的构件

$$B_s = 0.85 E_c I_0 \qquad (6-19)$$

2. 出现裂缝的构件

对于矩形、T 形及工字形截面受弯构件的短期刚度 B_s 的计算公式

$$B_s = (0.025 + 0.28 \alpha_E \rho)(1 + 0.55 \gamma'_f + 0.12 \gamma_f) E_c b h_0^3 \qquad (6-20)$$

式中　B_s——出现裂缝的钢筋混凝土受弯构件的短期刚度；

ρ——纵向受拉钢筋的配筋率；

γ'_f——受压翼缘加强系数，$\gamma'_f = \dfrac{(b'_f - b)\, h'_f}{bh_0}$；

γ_f——受拉翼缘加强系数，$\gamma_f = \dfrac{(b_f - b)\, h_f}{bh_0}$。

二、长期刚度 B_l

SL/T191-96《规范》规定，矩形、T形及工字形截面受弯构件的长期刚度按下列公式计算：

（1）对应于荷载效应的短期组合（并考虑部分荷载的长期作用）时：

$$B_l = \frac{M_s}{M_l(\theta - 1) + M_s} B_s \tag{6-21}$$

（2）对应于荷载效应的长期组合时：

$$B_l = \frac{B_s}{\theta} \tag{6-22}$$

式中　θ——荷载长期作用下的挠度增大系数，$\theta = 2 - 0.4\dfrac{\rho'}{\rho}$，其中 ρ'、ρ 分别为受压钢筋和受拉钢筋的配筋率。对翼缘在受拉区的倒 T 形截面，θ 应增加 20%。

三、受弯构件挠度计算

按荷载效应的短期组合（并考虑部分荷载的长期作用）及荷载效应的长期组合求出受弯构件长期刚度 B_l 后，将其代入材料力学变形公式即可计算挠度。求得的挠度值不应超过 SL/T191-96《规范》规定的挠度允许值。即

$$f_s = s\frac{M_s l_0^2}{B_l} \leqslant [f_s] \tag{6-23}$$

$$f_l = s\frac{M_l l_0^2}{B_l} \leqslant [f_l] \tag{6-24}$$

式中　f_s、f_l——分别按荷载效应的短期组合及长期组合所对应的 B_l 进行计算所求得的挠度值；

　　　$[f_s]$、$[f_l]$——规范规定的短期组合及长期组合的挠度允许值，其值见表 6-2；

　　　　　　s——是与荷载形式、支承条件有关的系数。简支梁受均布荷载 $s = 5/48$。

表 6-2　　　　　　　　　　　　　　　　受 弯 构 件 允 许 挠 度

项次	构 件 类 型		允许挠度（以计算跨度 l_0 计算）		项次	构 件 类 型		允许挠度（以计算跨度 l_0 计算）	
			短期组合	长期组合				短期组合	长期组合
1	吊车梁	手动吊车	$l_0/500$		3	工作桥及启闭机大梁		$l_0/400$	
		电动吊车	$l_0/600$		4	屋盖或楼盖	$l_0 \leqslant 7m$	$l_0/200$	$l_0/250$
2	渡槽槽身	$l_0 \leqslant 10m$	$l_0/400$	$l_0/450$			$7m \leqslant l_0 \leqslant 9m$	$l_0/250$	$l_0/300$
		$l_0 > 10m$	$l_0/500$	$l_0/550$			$l_0 > 9m$	$l_0/300$	$l_0/400$

注　1. 若构件预先起拱，应将算得的挠度减去起拱值。

　　2. 悬臂梁的允许挠度值按表中数值乘 2 取用。

　　3. 对预应力混凝土构件可减去预加应力产生的反拱值。

【例 6-3】　某矩形截面梁，$b \times h = 200\text{mm} \times 500\text{mm}$，跨度 $l_0 = 4.5\text{m}$，承受均布荷载，其中永久荷载标准值 $g_k = 17.5\text{kN/m}$，可变荷载标准值 $q_k = 11.5\text{kN/m}$，可变荷载标准值的长期组合系数 $\rho = 0.5$，$\gamma_0 = 1.0$，由承载力计算得纵向受拉钢筋为 $2 \, \Phi \, 14 + 2 \, \Phi \, 16$（$A_s = 710\text{mm}^2$），混凝土为 C20，钢筋为 Ⅱ 级，试验算梁跨中截面的挠度是否符合要求。

解：（1）计算荷载效应组合值：

$$M_s = \gamma_0 \left(\frac{1}{8} q_k l_0^2 + \frac{1}{8} g_k l_0^2 \right)$$

$$= 1.0 \times \left(\frac{1}{8} \times 11.5 \times 4.5^2 + \frac{1}{8} \times 17.5 \times 4.5^2 \right) = 73.41 \text{ kN} \cdot \text{m}$$

$$M_l = \gamma_0 \left(\frac{1}{8} \rho \, q_k l_0^2 + \frac{1}{8} g_k l_0^2 \right)$$

$$= 1.0 \times \left(\frac{1}{8} \times 0.5 \times 11.5 \times 4.5^2 + \frac{1}{8} \times 17.5 \times 4.5^2 \right) = 58.85 \text{ kN} \cdot \text{m}$$

（2）计算梁的短期刚度：

$$\alpha_E = \frac{E_s}{E_c} = \frac{2 \times 10^5}{2.55 \times 10^4} = 7.84$$

$$\rho = \frac{A_s}{bh_0} = \frac{710}{200 \times (500 - 35)} = 0.76\%$$

$$B_s = (0.025 + 0.28\alpha_E \rho)(1 + 0.55\gamma'_f + 0.12\gamma_f) E_c bh_0^3$$

$$= (0.025 + 0.28 \times 7.84 \times 0.76\%) \times 2.55 \times 10^4 \times 200 \times 465^3$$

$$= 2.14 \times 10^{13} \text{ N} \cdot \text{mm}$$

（3）计算梁的长期刚度：

对应于荷载效应短期组合　　$B_l = \dfrac{M_s}{M_l(\theta - 1) + M_s} B_s$

$$= \frac{73.41}{58.85(2-1) + 73.41} \times 2.14 \times 10^{13}$$

$$= 1.19 \times 10^{13} \text{ N} \cdot \text{mm}$$

对应于荷载效应长期组合　　$B_l = \dfrac{B_s}{\theta}$

$$= \frac{2.14 \times 10^{13}}{2} = 1.07 \times 10^{13} \text{ N} \cdot \text{mm}$$

（4）验算梁的挠度：

$$f_s = \frac{5}{48} \times \frac{M_s l_0^2}{B_l} = \frac{5}{48} \times \frac{73.41 \times 10^6 \times 4500^2}{1.19 \times 10^{13}} = 13 \text{ mm}$$

$$f_l = \frac{5}{48} \times \frac{M_l l_0^2}{B_l} = \frac{5}{48} \times \frac{58.85 \times 10^6 \times 4500^2}{1.07 \times 10^{13}} = 11.6 \text{ mm}$$

$$\frac{f_s}{l_0} = \frac{13}{4500} = \frac{1}{346} < \left[\frac{f_s}{l_0} \right] = \frac{1}{200}$$

$$\frac{f_s}{l_0} = \frac{11.6}{4500} = \frac{1}{388} < \left[\frac{f_s}{l_0} \right] = \frac{1}{250}$$

故挠度满足要求。

本 章 小 结

1. 任何建筑物都必须进行承载能力极限状态计算，而正常使用极限状态验算，是在满足承载力计算的前提下，针对某些在使用上有特殊要求的构件进行的验算。

2. 本章经验公式的符号和系数较多，不要求死记硬背，但对各种符号的物理意义要有所了解，并能正确应用它们分别进行抗裂、裂缝宽度及变形验算。

3. 提高构件抗裂能力的办法是加大截面尺寸、提高混凝土强度等级或改用预应力混凝土结构；减小构件裂缝开展过宽的办法是选用细直径的钢筋、提高施工质量、采用正确的构造措施和用预应力混凝土结构；减小构件变形最有效的办法是增大截面高度。

习 题

1. 钢筋混凝土构件正常使用极限状态验算时，为什么荷载和材料强度采用标准值而不用设计值？

2. 某水闸（3 级建筑物）底板厚 $h=1500\text{mm}$，$h_0=1430\text{mm}$，在荷载标准值作用下，跨中截面每米板宽承受短期组合下的弯矩 $M_s=542\text{kN·m}$，C20 混凝土，Ⅱ级钢筋，底板配筋为 ⊈ 20@125，（$A_s=2513\text{mm}^2$），试验算底板在短期组合下是否抗裂。

3. 某 U 形渡槽横拉杆，正方形截面 $b\times h=250\text{mm}\times250\text{mm}$，C25 混凝土，保护层厚 $c=30\text{mm}$，荷载效应短期组合下轴心拉力标准值 $N_s=325\text{kN}$，已配 4 根 22 的Ⅲ级纵向受拉钢筋，最大允许裂缝宽度 $[\omega_{max}]=0.3\text{mm}$。试验算该构件裂缝宽度是否满足要求？

4. 某钢筋混凝土矩形截面简支梁（Ⅱ级安全级别），跨度 $l_0=7\text{m}$，$b\times h=250\text{mm}\times700\text{mm}$；C20 混凝土；已配纵向受拉钢筋 $2\underline{\Phi}22+2\underline{\Phi}20$（$A_s=1388\text{mm}^2$），梁上所承受的均布恒载（含梁自重）标准值为 $g_k=19.7\text{kN/m}$，均布活载标准值为 $q_k=10.5\text{kN/m}$，活荷载的长期组合系数 $\rho=0.5$，荷载效应短期组合的允许挠度为 $[f_s]=l_0/250$，长期组合 $[f_l]=l_0/300$。试验算梁的挠度是否满足要求。

第七章　肋形结构及刚架结构

钢筋混凝土梁板结构是土木工程中应用最为广泛的一种结构，其中单向板肋形结构是梁板结构中的一种，它的基本原理和构造措施具有代表性，对建筑物的应用和技术经济都有着非常重要的意义。单向板肋形结构的设计内容包括：结构的平面布置、计算简图的建立、内力计算、截面配筋计算，根据计算和构造要求最后绘制施工图。

第一节　肋形结构的组成和分类

肋形结构是由板和支承板的梁所组成的梁板承重系统。水电站副厂房楼盖和水闸胸墙都是典型的整体式肋形结构，如图 7-1 所示。

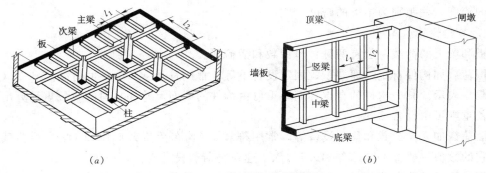

图 7-1　整体式肋形结构例图
(a) 水电站副厂房楼盖；(b) 梁板式水闸胸墙

钢筋混凝土肋形结构按施工方法可分为现浇和预制两类；按梁格布置情况的不同可分为单向板和双向板肋形结构。当梁格布置使板的两个跨度之比 $l_2/l_1 > 2$（l_1、l_2 如图 7-1）时，则板上绝大部分荷载沿短跨 l_1 方向传到次梁上，为支承在次梁上的连续板，称为单向板；当 $l_2/l_1 \leqslant 2$ 时，则板上荷载将沿两个方向传递到四边支承梁上，必须进行两个方向的内力分析，称为双向板。本章主要介绍单向板的结构设计及构造要求。

第二节　整体式单向板肋形结构计算

单向板肋形结构的设计步骤：①选择结构布置方案；②确定结构计算简图并进行荷载计算；③对板、次梁、主梁分别进行内力计算；④分别进行截面配筋计算；⑤根据计算和构造要求绘制结构施工图。

一、结构平面布置

楼面梁格布置的原则：满足使用要求、力求经济和技术上合理。

在梁格的布置中，梁、柱的布置应考虑到使用方面的要求。在此基础上尽量求得经济和技术上的合理。柱距大小，直接影响到主梁的跨度和截面；主梁布置稀疏，影响到次梁的跨度和截面；次梁的多少影响到板的跨度和厚度。板的面积较大，减小板厚可以节省混凝土的用量和造价。在一般建筑中，板跨度一般为 1.5～2.8m，板的厚度常取 60～120mm；水电站厂房发电机层的楼板，由于荷载大而且可能承受撞击作用，板厚常取 120～200mm；装配间楼板因需要搁置大型设备，板厚有时会达到 250mm 以上。应尽量避免集中荷载直接作用在板上，当板上有隔墙、机器设备等集中荷载作用时，可以考虑在板下面设梁来支承它，做到受力合理。

梁格的布置要力求规整，梁系应尽量贯通，板厚和梁的尺寸应尽量统一。这样便于设计和施工，且易满足经济和美观的要求。根据设计经验，一般次梁跨度为 4～6m，主梁为 5～8m。为使结构有较大的抗侧移刚度和可以开设较大的窗孔，主梁一般沿房屋横向布置。

二、计算简图

单向板的荷载传递路径为板→次梁→主梁→柱（墙）→基础。故板的支承为次梁，次梁的支承为主梁，主梁的支承为柱子（墙）。次梁的间距即为板的跨度，主梁的间距即为次梁的跨度，柱距则为主梁的跨度。

1. 荷载计算

板和梁上的荷载一般有两种：恒荷载和活荷载。

恒荷载如构件自重、面层重、固定设备重等，常用符号 g（均布恒荷载）和 G（集中恒荷载）表示。其中构件的自重、面层重可由构件的截面尺寸和材料的单位重计算出；固定设备重则可由设备铭牌查出。

活荷载如人群荷载和移动设备等，常用符号 q（均布活荷载）和 Q（集中活荷载）表示。它的数值一般查 DL5077—1997《水工建筑物荷载设计规范》可得。

当楼面承受均布荷载时，对板常取单位板宽（$b=1m$）进行计算，板带上的荷载为板带自重（包括面层及粉刷等）及其上的均布活荷载重，即 $g+q$；对次梁取相邻的板跨中线所分割出来的面积作为它的受荷面积，次梁所承受荷载为由板传来的均布荷载（$g+q$）$\times l_1$ 及次梁本身的自重；主梁则为次梁传来的集中荷载（$g+q$）$l_1 l_2$ 及本身的自重（设计时为了简化，可以将主梁自重化为若干集中力加在由次梁传来的集中荷载上合并计算）。板梁计算简图如图 7-2 所示。

2. 支座的简化

板和次梁的中间支座均假定为铰支座，因此板是边墙和次梁为铰支座的多跨连续板；次梁是边墙和主梁为铰支座的多跨连续梁；若主梁与柱整体浇注，当主梁的线刚度与柱的线刚度之比≥4 时，主梁是以边墙和柱为铰支座的连续梁，反之应作为刚架来计算，如图 7-2 所示。

板和次梁的中间支座均假定为铰支座，没有考虑次梁对板、主梁对次梁的转动约束作用，可以通过调整荷载的办法来调整，即用调整后的折算荷载代替实际的作用荷载来进行最不利组合及内力计算。调整后的折算恒荷载 g' 和活荷载 q' 分别如下：

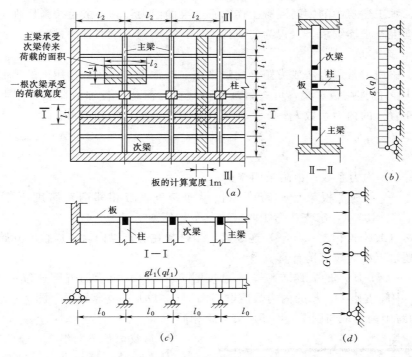

图 7-2 单向板肋形楼盖板、梁的计算简图

(a) 荷载计算单元；(b) 板计算简图；(c) 次梁计算简图；(d) 主梁计算简图

对于板 $g'=g+\dfrac{1}{2}q, \qquad q'=\dfrac{1}{2}q$

对于次梁 $g'=g+\dfrac{1}{4}q, \qquad q'=\dfrac{3}{4}q$

对于主梁 $g'=g, \qquad q'=q$

3. 计算跨度的确定

板、梁的计算跨度 l_0 可按下述规定采用（见图 7-3）。

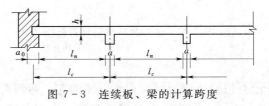

图 7-3 连续板、梁的计算跨度

当按弹性理论方法计算弯矩时，l_0 取值：

(1) 连续板：

边跨 $\left.\begin{array}{l} l_0=l_n+h/2+a/2 \\ l_0=l_n+a_0/2+a/2 \end{array}\right\}$ 取较小值，中间跨 $l_0=l_c$。

(2) 连续梁：

边跨 $\left.\begin{array}{l} l_0=l_c \\ l_0=1.025l_n+a/2 \end{array}\right\}$ 取较小值，中间跨 $l_0=l_c$。

计算剪力时，l_0 取净跨，即 $l_0=l_n$。

三、内力计算

钢筋混凝土连续板、梁的内力计算有按弹性理论计算和考虑塑性变形内力重新分布计算两种方法。水工建筑中的钢筋混凝土连续板、梁的内力计算一般是按弹性理论的方法计算，即把钢筋混凝土连续板、梁视为匀质弹性体，用结构力学的方法进行内力计算。

1. 查表计算内力

连续板、梁内力常用力法或力矩分配法来求。对常用均布荷载作用下的等截面等跨度或跨长相差 10% 的连续板、梁，可查附录四得其在恒荷载和各种活荷载作用下（要考虑其最不利的布置）的内力系数 $k_1 \sim k_4$，按下式计算截面的弯矩和剪力：

$$M = k_1 g l_0^2 + k_2 q l_0^2 \qquad (7-1)$$

$$V = k_3 g l_n + k_4 q l_n \qquad (7-2)$$

式中　$k_1 \sim k_4$——内力系数；由附录四查得；

　　　l_0、l_n——分别是板梁计算跨度和板梁净跨度。若相邻两跨跨度不等（相差＜10%），求支座弯矩时应取其平均值。

对于等跨（或跨长相差＜10%）连续梁，当跨数在五跨以内时，应按实际跨数进行计算；当跨数超过五跨时按五跨计算。

如图 7-4（a）所示的九跨连续梁，可按图 7-4（b）所示的五跨连续梁查表计算。图 7-4（a）中间支座 D、E 的内力数值取与图 7-4（b）C 支座相同；图 7-4（a）中间的 4、5 跨的跨中内力取与图 7-4（b）第 3 跨相同。

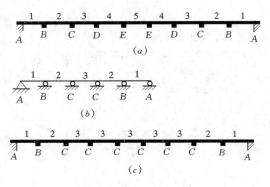

图 7-4　连续板，梁的计算简图
(a) 实际的；(b) 计算的；(c) 构造的

2. 荷载的最不利组合

对连续梁（板）来说，活荷载作用位置不同，其弯矩和剪力图的形状也就不同。为此，需要知道连续梁活荷载最不利布置方式。布置的原则：

（1）当求连续梁某跨跨中最大正弯矩时，在该跨布置活荷载，然后向左、右两边再隔跨布置活荷载。

（2）当求连续梁某跨跨中最小弯矩时，该跨不布置活荷载，左、右两边跨布置活荷载，然后隔跨布置活荷载。

（3）当求连续梁某中间支座的最大（绝对值）负弯矩时，在该支座的左、右两跨布置活荷载，然后隔跨布置活荷载。

（4）当求连续梁某支座截面（支座左侧或右侧截面）的最大（或最小）剪力时，活荷载的布置方式与求该支座的最大负弯矩时相同。

表 7-1 所示的为一五跨连续梁求最不利内力时均布活荷载的布置方式。

3. 内力包络图

对每一种最不利活荷载布置情况都可绘出一个内力图（弯矩图或剪力图），将此内力图分别与恒荷载作用下的内力图进行叠加，将叠加得到的内力图画在同一条基线上，叠合图的外包线即为此连续梁的内力（弯矩或剪力）包络图。

以图 7-5 所示的三跨连续梁为例来说明内力包络图的画法。首先画出恒荷载作用下的弯矩图及活荷载各种不利布置情况下的弯矩图。将图7-5(a)、图7-5(b)两种情况下

活 荷 载 布 置 图	最 不 利 内 力		
	最大弯矩	最小弯矩	最大剪力
(见图)	M_1、M_3	M_2	V_A
(见图)	M_2	M_1、M_3	
(见图)		M_B	V_B^l、V_B^r
(见图)		M_C	V_C^l、V_C^r

注　下角1、2、3、A、B、C分别为跨与支座代号，上角 l、r 分别为左、右截面代号。

的弯矩图叠加,便得到边跨最大弯矩和中间跨最小弯矩的图线 1,如图 7-5(e)所示;将图 7-5(a)、图 7-5(c)两种情况下的弯矩图叠加,便得到边跨最小弯矩和中间跨最大弯矩的图线 2;将图 7-5(a)、图 7-5(d)两种情况下弯矩图叠加,便得到 B 支座最大负弯矩的图线 3。显然图 7-5(e)中的外包线 4 就代表各截面可能产生的弯矩值的上下限。不论活荷载怎样布置,梁各截面的弯矩值均不会超出此外包线所表示的弯矩值,这个外包线就叫做弯矩包络图。同理可绘出此三跨连续梁的剪力包络图,如图 7-5(f)所示。

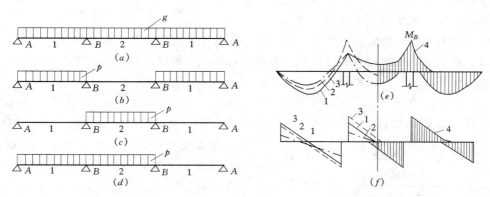

图 7-5　连续梁的内力包络图

4. 截面内力的调整

(1) 计算跨度一般取支承中心线间的距离,故支座负弯矩将发生在支座中心处如图 7-6 所示。当板、梁、柱为整体浇筑时,由于支座截面高度较大,所以最危险截面不是在支承中心而应在其边缘处,如图 7-6 (b) 所示。应按支承边缘处的弯矩 M' 进行配筋。

$$M' = M - \frac{a}{2}V_0 \tag{7-3}$$

式中 M'——支承边缘处的弯矩设计值；

M——支承中心处的弯矩设计值；

V_0——支座边缘处的剪力，可近似按单跨简支梁计算；

a——支承宽度。

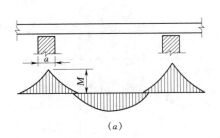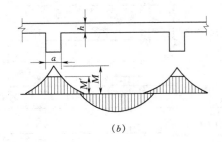

图 7-6 连续板梁的弯矩计算值

（2）对于四周与梁整体连接的单向板，破坏前支座上部和跨中下部会产生裂缝，使板形成一个具有一定矢高的拱，梁则成为具有抵抗横向位移能力的拱支座（图7-7），板在"拱作用"下，各截面弯矩会减小，承载能力提高。为了考虑其有利的因素，对这种板，其中间跨及中间支座的计算弯矩可减少20％对边跨及第一内支座不予减少。

（3）在进行承载能力极限状态设计时，截面内力还要乘以结构重要性系数 γ_0 和设计状况系数 ψ。

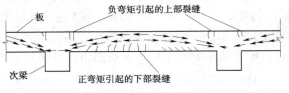

图 7-7 连续板的拱作

四、截面配筋设计

连续板、梁均属于受弯构件，其正截面及斜截面承载力计算，抗裂、裂缝宽度和变形验算均可用前面所述的方法进行。下面仅指出应注意的几个问题：

（1）板的截面宽度较大而外荷载相对较小，混凝土足以承担剪力，可不进行斜截面抗剪承载力计算，也不需设置腹筋。

（2）当梁、板整体浇筑时，板可作为梁的翼缘。梁跨中截面在正的弯矩作用下翼缘受压，应按 T 形截面计算；梁支座截面在负的弯矩作用下翼缘受拉，应按矩形截面计算。

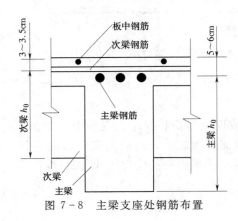

图 7-8 主梁支座处钢筋布置

（3）主梁支座截面由于板、次梁、主梁的支座钢筋相互交叠（图7-8），主梁受力钢筋应置于次梁受力钢筋的下面。主梁截面的有效高度 h_0 应按以下情况取值：

当主梁受力钢筋为单排时，$h_0 = h - 60\text{mm}$；

当主梁受力钢筋为双排时，$h_0 = h - 80\text{mm}$。

（4）算出各控制截面的钢筋面积后，为使跨数较多的内跨钢筋尽可能一致，支座截面能利用跨中弯起的钢筋，应按先内跨后外跨，先跨中后支座的程序选配钢筋直径和间距。

五、构造要求与计算

1. 连续板的配筋

（1）连续板的配筋形式。连续板的配筋形式有：分离式和弯起式两种。

1）分离式配筋：跨中钢筋和支座钢筋分别配置，并全部采用直钢筋。用于跨中的直钢筋可以连续几跨不切断，也可以每跨都断开，上部钢筋为了保证施工时在设计位置，宜做成直抵模板的直钩，如图7-9所示。这种配筋施工简便，但用钢量较大，且上下钢筋无联系整体性较差，故不宜在承受动荷载作用的板中采用。

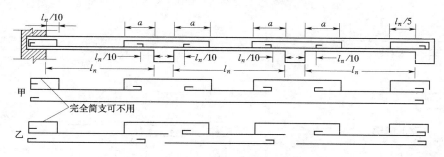

图 7-9　连续板的分离式配筋

2）弯起式配筋：先确定跨中钢筋的直径和间距，然后将跨中钢筋的一半（最多不超过2/3）弯起伸过支座。如支座截面的钢筋面积还不够，可另加直钢筋，如图7-10所示。钢筋的弯起角度一般为30°；当板厚大于120mm时，可采用45°。应注意相邻两跨跨中及支座钢筋直径和间距的互相配合，钢筋的种类不宜太多等。弯起式配筋整体性较好、钢筋省，但施工较为麻烦。

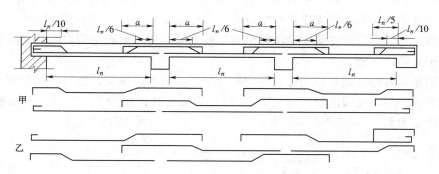

图 7-10　连续板的弯起式配筋

确定连续钢筋的弯起点和切断点，一般不必绘弯矩包络图，按图7-9和图7-10所示的构造要求处理即可。图中的 a 值：当 $q/g \leqslant 3$ 时，为 $l_n/4$；当 $q/g > 3$ 时，为 $l_n/3$。g、q、l_n 分别为均布恒荷载、均布活荷载和板的净跨。

（2）板的构造钢筋。①分布钢筋：布置在单向板的长跨方向且在受力钢筋内侧，其直径常为6～8mm，截面面积不应小于受力钢筋截面面积的15%，且每米长度内不少于3根，在受力筋的弯折处也应布置分布钢筋。②嵌入墙内的板面附加钢筋：嵌固于砖墙内的板，计算时按简支考虑，但在支承处可能产生一定的负弯矩，故在其板面应增设附加钢筋。其数量一般每米板宽不少于 $5\phi6$ 的附加板面钢筋（包括弯起钢筋在内），伸出墙边的

长度应大于 $l_1/7$（l_1 单向板跨度）。在墙角附近，板顶面常发生与墙大约成 45°角的裂缝，在跨度 $l_1/4$ 范围内，板顶面应配置每米不少于 $5\phi6$ 的构造钢筋网，如图 7-11 所示。③ 垂直于主梁的板面附加钢筋：板与主梁梁肋连接处也会产生一定的负弯矩，故在与主梁连接处板的顶面，沿与主梁垂直方向需配置其数量为每米板宽内不少于 $5\phi6$，面积不小于单位板宽受力钢筋面积 1/3 的附加钢筋，伸出主梁边的长度不小于 $l_n/4$，如图 7-12 所示。④ 有的楼板由于使用要求，往往要开设一些孔洞，洞口周边应配一些构造钢筋予以加强。若洞口附近有较大集中荷载作用时，宜在洞边设置加强梁。

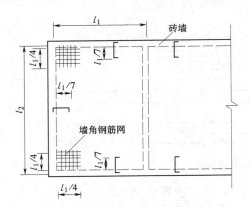

图 7-11 嵌入墙内的板面附加钢筋

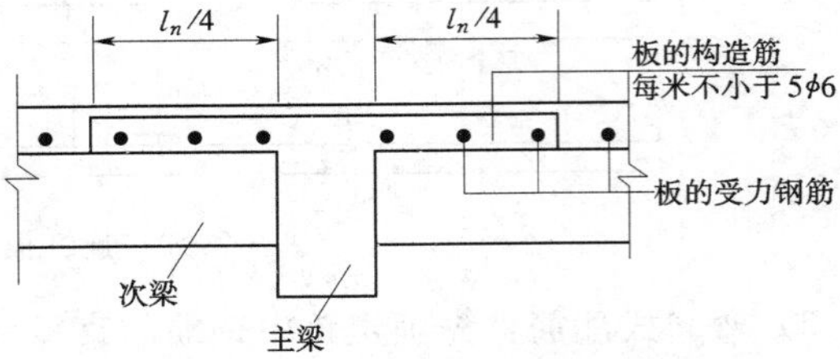

图 7-12 垂直于主梁的板面附加钢筋

2. 次梁和主梁的配筋

先拟定跨中受力钢筋的直径和根数（宜不少于三根），然后将一部分（至少两根）直接伸入支座，其余的部分在支座附近相继弯起，作为承担支座负弯矩或承担剪力的钢筋。当弯起的钢筋仍不足以承担支座负弯矩时，应另配直钢筋。直钢筋不宜少于两根且应置于梁角处，以便与架立钢筋连接。当从跨中弯起的钢筋数量不能满足斜截面抗剪承载力要求时，可另配斜筋或吊筋。

受力钢筋的弯起和截断原则上应按弯矩包络图和材料图确定。但对于在均布荷载作用下跨度相差 ≤20% 的连续次梁，当 $q/g \leqslant 3$ 时，通常可直接按图 7-13 规定布置钢筋。对于主梁和跨度差大于 20% 次梁，应通过作弯矩包络图和材料图进行钢筋的布置。

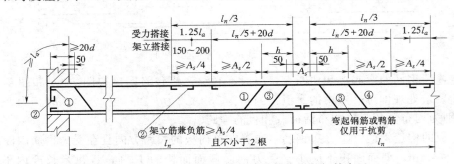

图 7-13 均布荷载作用下等跨连续次梁的钢筋布置

在主、次梁交接处，主梁两侧承受次梁传来的集中荷载，因而可能在主梁中下部发生斜向裂缝。为了防止破坏，集中荷载应由附加横向钢筋 A_{sv}（箍筋或吊筋）来承担。假设冲切体为图 7-14（c）中所示的虚线梯形，那么 A_{sv} 应布置在 $s = 2h_1 + 3b$ 范围内，其数量可按下式计算：

$$A_{sv} \geq \frac{\gamma_d F}{f_{yv} \sin\alpha} \qquad (7-4)$$

式中　F——次梁传给主梁的集中荷载设计值；

　　　f_{yv}——附加横向钢筋的抗拉强度设计值；

　　　A_{sv}——附加横向钢筋的总截面面积。仅配箍筋时 $A_{sv} = mnA_{sv1}$，A_{sv1} 为附加箍筋单肢截面面积，m 为长度 s 范围内附加箍筋的根数，n 为附加箍筋的肢数；仅配吊筋时 $A_{sv} = 2A_{sb}$，A_{sb} 为附加吊筋截面面积。

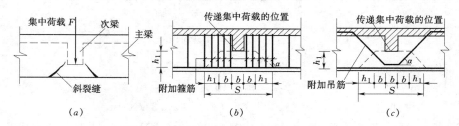

图 7-14　主次梁交接处的附加箍筋和吊筋

六、肋形楼盖设计实例

1. 设计资料

某电站副厂房肋形楼盖，其平面尺寸为 24m×13.2m。单向板设计，拟定尺寸如下：

板跨度 2.2m，厚 80mm；次梁跨度 4.8m，截面尺寸 200m×400mm；主梁跨度 6.6m，截面尺寸 250m×600mm；承重墙厚 240mm，如图 7-15 所示。

楼面用 20mm 水泥砂浆抹面，板底用 12mm 纸筋石灰抹底，均布活荷载标准值为 5kN/m²。C20 混凝土，梁主筋用Ⅱ级，其它钢筋用Ⅰ级，γ_0 取 0.9，ψ 取 1.0。

2. 板的设计

（1）计算简图。板为 6 跨连续板，其结构尺寸和计算简图如图 7-16 所示。其计算跨度为：

边跨　因板厚 h 小于端支承宽度 a_0，所以

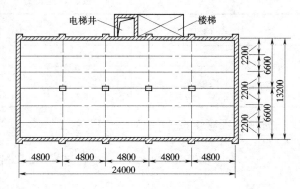

图 7-15　楼盖结构平面布置

$$l_0 = l_n + 0.5(h + a) = 1.98 + 0.5(0.08 + 0.2) = 2.12 \text{ m}$$

中间跨　$l_0 = l_c = 2.20$ m

（2）荷载计算。取宽 1m 的板带计算：

恒荷载：标准值 $g_k = 2.6$ kN/m，其中

　　　板自重　　　　$0.08 \times 1 \times 25 = 2.00$ kN/m

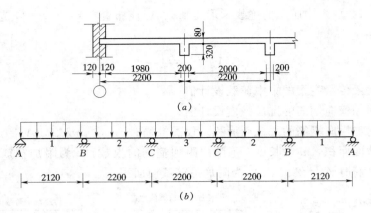

图 7-16 板的计算简图

20mm 抹面	$0.02 \times 1 \times 20 = 0.4$ kN/m
12mm 抹底	$0.012 \times 1 \times 16 = 0.2$ kN/m
设计值	$g = \gamma_G g_k = 1.05 \times 2.6 = 2.73$ kN/m
活荷载： 设计值	$q = \gamma_Q q_k = 1.2 \times 5.0 = 6.0$ kN/m

考虑次梁对板的转动约束，折算荷载为：

$$g' = g + q/2 = 2.73 + 1/2 \times 6.0 = 5.73 \text{ kN/m}$$

$$q' = q/2 = 1/2 \times 6.0 = 3.0 \text{ kN/m}$$

（3）内力计算。由于边跨与中跨的跨度相差小于 10%，可采用等跨度的表格计算。板各控制截面的弯矩计算见表 7-2。

表 7-2   板的弯矩计算 （kN·m）

计 算 截 面		1	B	2	C	3
弯矩系数	k_1	0.0781	−0.105	0.0331	−0.079	0.0462
	k_2	0.1	−0.119	0.0787	−0.111	0.0855
$M = k_1 g' l_0^2 + k_2 q' l_0^2$		3.36	−4.64	2.06	3.80	2.52

支座边缘弯矩按 $M' = M - \dfrac{a}{2} V_0$ 修正：

$$M'_B = -\left[4.64 - \frac{1}{2} \left(\frac{2.16}{2} \times 8.73 \right) \times 0.2 \right] = -3.70 \text{ kN·m}$$

$$M'_c = -\left[3.80 - \frac{1}{2} \left(\frac{2.2}{2} \times 8.73 \right) \times 0.2 \right] = -2.84 \text{ kN·m}$$

（4）配筋计算。板厚 80mm，h_0 取 60mm，C20 混凝土，Ⅰ 级钢筋，边板带配筋计算见表 7-3。中间板带的中间跨及中间支座由于板四周与梁整体连接，应考虑拱作用，配筋可以减少，详见板配筋图 7-18。

（5）板配筋图。考虑发电机组对结构的动力影响，采用弯起式配筋。分布钢筋选 $\phi 6$@300；主梁顶部、墙边附加钢筋和墙角附加钢筋全选 $\phi 6$@200，如图 7-18 所示。

3. 次梁设计

表 7 - 3

板 配 筋 计 算

截 面	1	B	2	C	3
弯矩计算值 M （$\times 10^6$ N·mm）	3.36	3.70	2.06	2.84	2.52
弯矩设计值 $\gamma_0 \psi M$	3.02	3.33	1.85	2.56	2.27
$\alpha_s = \dfrac{\gamma_d \gamma_0 \psi M}{f_c b h_0^2}$	0.10	0.111	0.062	0.085	0.076
$\xi = 1 - \sqrt{1 - 2\alpha_s}$	0.107	0.118	0.064	0.089	0.079
$A_s = \xi b h_0 \dfrac{f_c}{f_y}$	305	337	183	254	225
选用钢筋 （mm²）	$\phi6/\phi8@120$ (327)	$\phi6/\phi8@120$ (327)	$\phi6@120$ (236)	$\phi6@120$ (236)	$\phi6@120$ (236)

（1）计算简图。次梁为 5 跨连续梁，其结构尺寸和计算简图如图 7 - 17 所示。

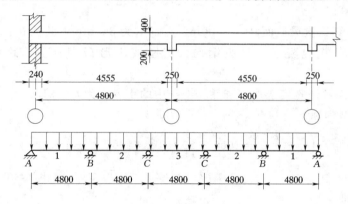

图 7 - 17　次梁计算简图

（2）荷载计算。恒荷载：标准值　$g_k = 7.32$ kN/m，其中

次梁　　　　板传来　　　　$2.6 \times 2.2 = 5.72$ kN/m

梁自重　　　$0.2 \times (0.4 - 0.08) \times 25 = 1.60$ kN/m

设计值　　　$g = \gamma_G g_k = 1.05 \times 7.32 = 7.69$ kN/m

活荷载：设计值　　　$q = 1.2 \times 5 \times 2.2 = 13.2$ kN/m

考虑主梁对次梁的转动约束，折算荷载为：

$$g' = g + q/4 = 7.69 + 13.2/4 = 10.99 \text{ kN/m}$$

$$q' = (3/4)q = (3/4) \times 13.2 = 9.9 \text{ kN/m}$$

（3）内力计算。连续次梁的 $q'/g' = 9.9/10.99 = 0.9 < 3$，不需画内力包络图。次梁的弯矩计算见表 7 - 4，剪力计算见表 7 - 5。

支座边缘弯矩按 $M' = M - \dfrac{a}{2} V_0$ 修正：

$$M'_B = -\left[53.73 - \frac{1}{2}\left(\frac{4.8}{2} \times 20.89\right) \times 0.25\right] = -47.46 \text{ kN·m}$$

$$M'_c = -\left[45.32 - \frac{1}{2}\left(\frac{4.8}{2} \times 20.89\right) \times 0.25\right] = -39.05 \text{ kN·m}$$

表 7 - 4 次梁的弯矩计算（kN·m）

计 算 截 面		1	B	2	C	3
弯矩系数	k_1	0.0781	−0.105	0.0331	−0.079	0.0462
	k_2	0.1	−0.119	0.0787	−0.111	0.0855
$M=k_1 g'l_0^2+k_2 q'l_0^2$		42.56	−53.73	26.33	−45.32	31.22

表 7 - 5 次梁的剪力计算（kN）

计 算 截 面		A	B$_{左}$	B$_{右}$	C$_{左}$	C$_{右}$
弯矩系数	k_3	0.394	−0.606	0.526	−0.474	0.500
	k_4	0.447	−0.62	0.598	−0.576	0.591
$V=k_3 g'l_n+k_4 q'l_n$		39.88	−58.23	53.24	−49.65	51.62

（4）配筋计算。

1）正截面计算：次梁截面高 $h=400\text{mm}$，h_0 取为 365mm，肋宽 $b=200\text{mm}$，翼缘厚度 $h'_f=80\text{mm}$，C20 混凝土，Ⅱ 级钢筋。支座按矩形截面计算，跨中按 T 形截面计算。

跨中 T 形截面翼缘宽度选取 $l_0/3$ 和 $b+s_0$ 中的小者，为 $b'_f=1.6\text{m}$。

T 形截面类型判别：

$$b'_f h'_f f_c\left(h_0-\frac{h'_f}{2}\right)=1600\times 80\times 10\times\left(365-\frac{80}{2}\right)=416\text{ kN·m}$$

$$> \gamma_d M_1=1.2\times 42.56=51.07\text{ kN·m}$$

属第一类 T 形截面。

正截面配筋计算见表 7 - 6。

表 7 - 6 次梁配筋计算表

截 面	1	B	2	C	3
弯矩计算值 M（$\times 10^6\text{N·mm}$）	42.56	47.46	26.33	39.05	31.20
弯矩设计值 $\gamma_0\psi M$	38.3	42.71	23.70	35.15	28.10
$a_s=\dfrac{\gamma_d\gamma_0\psi M}{bh_0^2 f_c}$ 或 $a_s=\dfrac{\gamma_d\gamma_0\psi M}{b'_f h_0^2 f_c}$	0.022	0.192	0.031	0.159	0.016
$\xi=1-\sqrt{1-2a_s}$	0.022	0.216	0.013	0.174	0.016
$A_s=\xi bh_0\dfrac{f_c}{f_y}$ 或 $A_s=\xi b'_f h_0\dfrac{f_c}{f_y}$	414	508	245	410	301
选用钢筋（mm²）	3 ⏀ 14 (462)	3 ⏀ 14+1 ⏀ 12 (575)	3 ⏀ 12 (339)	4 ⏀ 12 (452)	3 ⏀ 12 (339)

注 $A_{smin}=\rho_{min}bh_0=0.15\%\times 200\times 365=110\text{mm}^2$。

2）斜截面计算：

截面尺寸验算 $\dfrac{h_w}{b}=\dfrac{365-80}{200}=1.43<4.0$

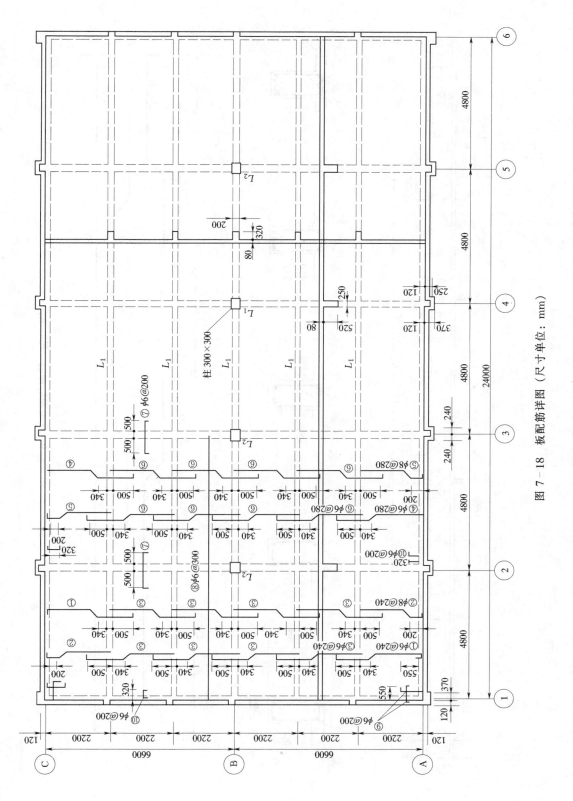

图 7-18 板配筋详图（尺寸单位：mm）

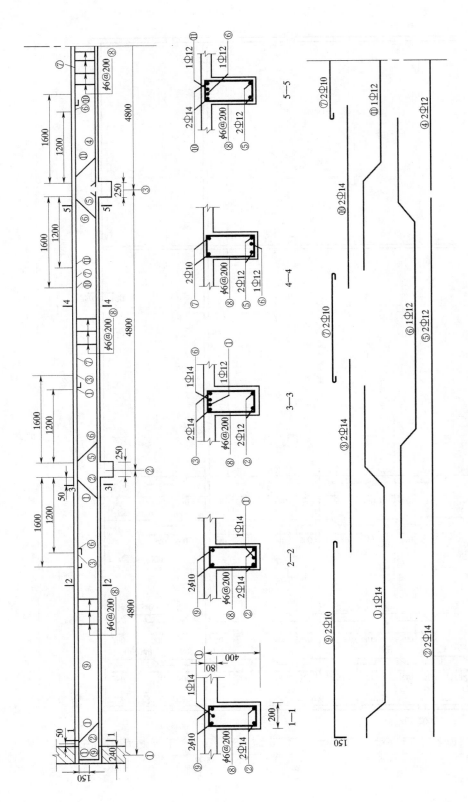

图 7−19 次梁配筋详图 (尺寸单位: mm)

$$\frac{1}{\gamma_d}(0.25 f_c b h_0) = \frac{1}{1.2}(0.25 \times 10 \times 200 \times 365) = 152.08 \text{ kN}$$

$$> V_{max} = \gamma_0 \psi V_{Bl} = 0.9 \times 1.0 \times 58.23 = 52.41 \text{ kN}$$

说明截面尺寸满足要求。

横向钢筋计算：箍筋选用$\Phi 6@200$双肢箍筋。

配箍率 $\rho_{sv} = \dfrac{A_{sv}}{bs} = \dfrac{2 \times 28.3}{200 \times 200} = 0.141\% > 0.12\%$，符合要求。

$$V_{cs} = 0.07 f_c b h_0 + 1.25 \frac{f_{yv} A_{sv}}{s} h_0$$

$$= 0.07 \times 10 \times 200 \times 365 + 1.25 \times \frac{210 \times 2 \times 28.3}{200} \times 365$$

$$= 78.22 \text{ kN} > \gamma_d \gamma_0 \psi V_B^l = 62.89 \text{ kN}$$

满足斜截面承载力要求，只需按构造要求配置弯起钢筋。

（5）次梁配筋图。跨中纵筋选用3根，其中两根直接伸入支座，一根在支座附近弯起作为负弯矩钢筋。支座负弯矩钢筋的截断位置参照图7-13确定，角点处钢筋截断后另设2Φ10架立筋与之绑扎连接。次梁的配筋及构造见图7-19。

4. 主梁设计

主梁设计略。

*第三节 刚 架 结 构

刚架是由横梁和立柱刚性连接所组成的工程承重结构。刚架高度 H 在5m以下时，常采用单层刚架，在5m以上时，宜采用双层刚架或多层刚架，如图7-20所示。

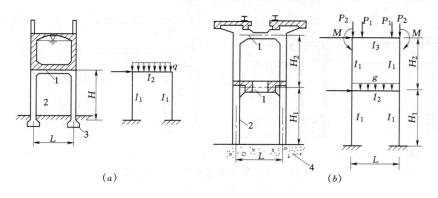

图 7-20 刚架结构
1—横梁；2—柱；3—基础；4—闸墩

一、刚架结构设计要点

1. 计算简图

平面刚架计算简图一般应表示出：刚架的跨度和高度，节点和支承的形式，各构件的截面抗弯刚度 EI 以及荷载的形式、数值和作用位置。

以图 7-20 (b) 所示的工作桥刚架为例，刚架轴线采用构件截面重心的连线，立柱和横梁均为刚性连接，柱子和闸墩是整体浇筑，故可作为固定端支承。荷载的形式、数值和作用位置可根据实际资料确定。为简化计算，刚架中横梁的自重常简化为集中荷载处理，结构自身及其上建筑所承受的风荷载常视为水平集中荷载来处理。

2. 内力计算

刚架是超静定结构，内力计算时要先假定构件的截面尺寸，内力计算后如有必要再加以修正。一般只有当各杆件的相对惯性矩变化超过 3 倍时，才需要重新计算内力。

刚架的内力计算，可按结构力学的方法进行。工程上常用的刚架大多有现成的计算公式或图表可以利用。

3. 截面设计

最不利情况组合计算得到内力（M、N、V 等）后，就可以进行承载力计算确定配筋。承载力计算的控制截面，横梁为跨中和支座处截面；立柱为每层柱顶和柱底处截面。

刚架中横梁轴向力 N 一般很小可忽略不计，按受弯构件进行计算；当 N 不能忽略时，按偏心受拉或偏心受压构件进行计算。刚架立柱中的内力主要是弯矩 M 和轴向力 N，按偏心受压构件进行计算，且常采用对称配筋。

二、刚架结构的构造

1. 节点构造

刚架顶层端节点梁与柱受力钢筋搭接一般有四种方式：柱内绑扎、部分柱筋梁内搭接、部分柱筋节点内搭接和简易柱内搭接，如图 7-21 所示。搭接长度 l_s 要求应分别不小于 $1.2l_a$、$1.2l_a+5d$、$1.2l_a+5d$ 和 $1.2l_a+10d$，其中 l_a 为钢筋的锚固长度，d 为纵向钢筋直径。伸入柱中的梁的钢筋或伸入梁中的柱的钢筋要分批截断，每批截断不多于 4 根，截断点相距宜大于 l_a。

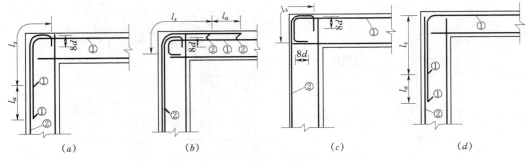

图 7-21　刚架顶层节点钢筋的锚固与搭接
①—梁筋；②—柱筋

刚架中间层端节点梁上部纵筋伸入节点内的长度应大于 l_a，并应伸过节点中心线。当钢筋在节点内的水平锚固长度不够时，应伸至对面柱边后再向下弯折，经弯折后的水平投影长度应大于 $0.45l_a$，垂直投影长度大于 $15d$，如图 7-22 所示。

中间节点的构造与连续梁中间支座构造相同，在此不再赘述。

2. 立柱与基础的连接

（1）现浇柱与基础的固接：从基础内伸出插筋与柱内钢筋相连接，然后浇筑柱混凝土。插筋直径、根数、间距与柱内钢筋相同。插筋应伸至基础底部，当基础高度较大时，也可以仅将柱子四角处的插筋伸至基础底部，而其余插筋只伸至基础顶面以下，满足锚固长度 l_a 的要求即可。如图 7-23 所示。

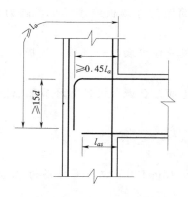

图 7-22　刚架中间层节点
钢筋的锚固

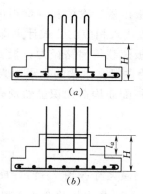

图 7-23　现浇立柱与
基础固接

（2）现浇立柱与基础铰接：在连接处将柱子截面减小为原截面的 1/2～1/3，并用交叉钢筋、垂直钢栓或螺旋钢筋连接，在紧邻此铰的柱和基础中应增设箍筋和钢筋网。如图 7-24 所示。

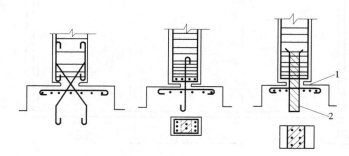

图 7-24　现浇立柱与基础铰接

（3）预制柱与基础的固接：按一定要求将预制柱插入杯形基础的杯口内，周围回填不低于 C20 的细石混凝土，即可形成固定支座。如图 7-25 所示。

（4）预制柱与基础的铰接：先在杯形基础的杯底填以 50mm 不低于 C20 的细石混凝土，将柱子插入杯口内后，周围再用沥青麻丝填实。如图 7-26 所示。

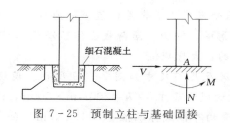

图 7-25　预制立柱与基础固接

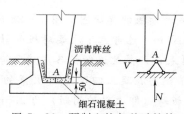

图 7-26　预制立柱与基础铰接

本 章 小 结

1. 单向板由板、次梁和主梁组成,其计算简图为连续板或连续梁,内力计算只需要查得内力系数代入相应的公式计算即可。

2. 单向板荷载传递路径为:板→次梁→主梁→柱(墙)→基础,故板的支承为次梁,次梁的支承为主梁,主梁的支承则为柱(墙)。

3. 单向板配筋构造知识虽然琐碎但很重要,应结合课程设计等环节加以掌握。

习 题

1. 某单向板尺寸如图7-27,配正弯矩筋为 $\phi8@120$,配负弯矩筋为 $\phi8@100$,构造筋均配 $\phi6@200$,画出板的分离式配筋图。

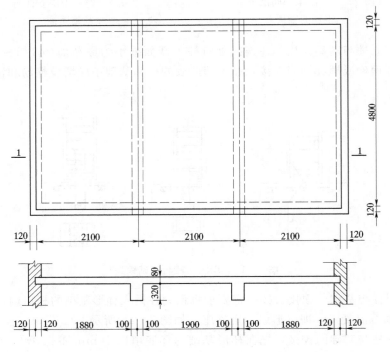

图 7-27 题 7-1

2. 某连续板计算简图如图7-28所示,承受恒载、活载设计值分别为 $g=3.5\text{kN/m}$ 和 $q=6\text{kN/m}$(已考虑了次梁对板的转动约束影响,即恒、活荷载已作了修正),试利用内力计算表,计算此连续板各支座和跨中截面的最大弯矩值。

3. 某钢筋混凝土四跨连续次梁的支承情况及几何尺寸如图7-29所示。现浇板厚 80mm;板跨(即次梁的间距)为2.5m;次梁的截面尺寸 $b\times h=200\text{mm}\times500\text{mm}$;主梁的截面尺寸 $b\times h=250\text{mm}\times650\text{mm}$。次梁承受均布恒载标准值 $g_k=10\text{kN/m}$(含自重),

活荷载标准值 $q_k = 24\text{kN/m}$。采用 C20 混凝土,纵向受力钢筋用Ⅱ级钢筋(混凝土保护层厚度取 25mm),其它钢筋用Ⅰ级钢筋。试按 4 级建筑物持久状况设计该次梁,并作配筋详图。

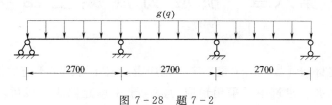

图 7 - 28　题 7 - 2

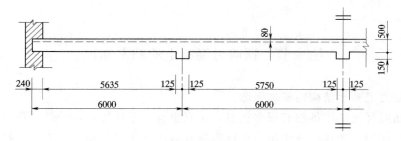

图 7 - 29　题 7 - 3

＊第八章　预应力混凝土结构

随着高强度钢材和混凝土的大量生产，预应力混凝土得到了迅速的发展，目前已在建筑中广泛应用。在水工建筑中常采用预应力混凝土来修建码头、栈桥、桩、闸门、调压室、压力水管、渡槽、圆形水池、工作桥、公路桥、水电站厂房的屋面梁及吊车梁等结构构件。

第一节　预应力混凝土的基本知识

一、预应力混凝土结构的基本概念

普通钢筋混凝土结构虽然有很多优点，但它也具有下述缺点，①结构自重大，限制了混凝土的使用范围。②在荷载作用下构件容易开裂。在正常使用条件下，受拉区一般带裂缝工作。③高强度钢筋和高强度混凝土得不到充分利用。目前，高强度钢筋的强度设计值已超过 $1000N/mm^2$，在普通钢筋混凝土结构中，高强度钢筋无法发挥其作用。为了弥补普通钢筋混凝土结构的这些不足，工程中可采用预应力混凝土结构。

所谓预应力混凝土结构，就是在结构构件受外荷载作用前，预先对由外荷载引起的混凝土构件的受拉区施加压力，使构件产生预压应力，造成一种人为的压应力状态。这样，当构件在荷载作用下其受拉区产生拉应力时，首先要抵消预压应力，从而，使结构构件的拉应力不大，甚至处于受压状态，随着荷载的增加，混凝土才受拉，再增加荷载才出现裂缝。这就推迟了裂缝的开展，减小了裂缝的宽度。这种在构件受荷载以前，预先施加压力使之产生预压应力的结构，称为预应力混凝土结构。

在生活中，预应力原理的应用也是常见的。例如盛水用的木桶是由一块块木片用竹箍或铁箍箍成的，它盛水后之所以不漏水，就是因为用力把木桶箍紧时，使木片与木片间产生了预压应力。木桶盛水后，水压使木桶产生的环向拉力，只抵消了木片之间的一部分预压应力，而木片与木片之间还能保持受压的紧密状态。这类例子在生活中还能列举很多。

如图 8-1 所示，简支梁在外荷载作用之前，预先在梁的受拉区施加一对大小相等、方向相反的偏心预加力 N，使梁截面下边缘混凝土产生预压应力为 σ_1，梁上边缘产生预拉应力为 σ_2 如图 8-1 （a）；在外荷载 q（包括梁自重）作用时，梁跨中截面下边缘产生拉应力 σ_3 如图 8-1 （b），梁上边缘产生压应力 σ_4，这样，在预加力 N 和外荷载 q 的共同作用下，梁的下边缘拉应力将减至 $\sigma_3-\sigma_1$，如图 8-1 （c）所示。由此可见，预应力混凝土构件可延缓混凝土构件的开裂，提高构件的抗裂度和刚度，并取得节约钢材、减轻自重的效果，克服了普通钢筋混凝土的主要缺点，也为采用高强度材料创造了条件。

预应力混凝土结构的主要优点是：

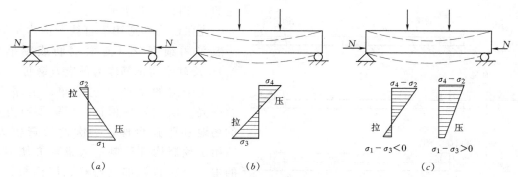

图 8-1　预应力简支梁的基本受力原理

（a）预压力作用；（b）荷载作用；（c）预压力与荷载共同作用

1．自重轻

由于预应力混凝土结构能充分利用高强度钢筋、高强度混凝土，从而减少了钢筋和混凝土用量，构件截面小，自重轻，增大了跨越能力，适用于大跨度结构。

2．抗裂性与耐久性好

在正常使用条件下，预应力混凝土一般不产生裂缝或裂缝极小，从而可满足对裂缝控制的需要；同时，减少了钢筋遭锈蚀的可能性，使结构的耐久性提高。

3．刚度大

由于构件在使用时不出现裂缝或裂缝宽度很小，从而提高了构件刚度；同时，预应力梁使用前有向上的预拱如图 8-1（a）。因此在荷载作用下其挠度将大大减小；所以预应力结构的刚度大。

4．整体性好

预应力技术的采用，为装配式结构提供了良好的装配、拼装手段。通过在纵、横方面施加预应力钢筋，可使装配式结构形成理想的整体。

预应力混凝土技术，在中国已取得了相当大的进展，随着建筑事业的发展，预应力混凝土的新材料、新结构、新机具将会不断涌现，预应力混凝土结构一定会得到更广泛的应用。

二、施加预应力的方法

在构件上施加预应力一般是通过张拉钢筋并将其锚固在混凝土构件上，由于钢筋的弹性回缩，混凝土获得预压应力。按照张拉钢筋与浇灌混凝土的先后，可将施加预应力的方法分为先张法和后张法两大类。

（一）先张法（浇灌混凝土之前，在台座上或钢模内先张拉钢筋）

先张法是将欲张拉的钢筋或钢丝的一端通过锚具将钢筋锚固在固定台座上，另一端则通过张拉夹具、测力计与张拉机械相连。当张拉机械将钢筋张拉到一定程度之后，将钢筋的张拉端也用锚具进行锚固。卸去张拉机械，然后在台座上预支好的模板内浇筑混凝土，待混凝土养护结硬达到一定强度后（一般不低于设计强度的 75%），再放松或切断钢筋。这时，钢筋与混凝土之间有足够的粘结力，使得预应力钢筋不能自由回缩，从而挤压混凝土，使混凝土获得预压力。先张法构件的预应力是靠预应力钢筋与混凝土之间粘结力来传

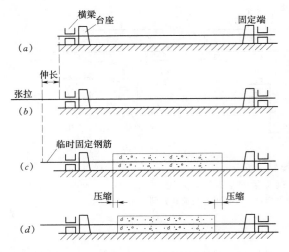

图 8-2 先张法工艺示意图
(a) 钢筋就位;(b) 张控钢筋;
(c) 浇筑混凝土;(d) 切断钢筋

递的。如图 8-2 所示。

先张法构件适用于直线预应力钢筋,一般采用细钢丝(光面钢筋或刻痕钢筋)、冷轧带肋钢筋作为预应力钢筋。

先张法的生产工艺简单、工序少、效率高、质量容易保证,但需要有专门的场地和张拉台座,一次性投资较大,适用于预制构件厂制造大批量方便运输的中小型构件,如空心板、屋面板、薄壳渡槽等。

(二)后张法(先浇灌混凝土,后张拉钢筋)

后张法是先浇捣好混凝土,并在预应力钢筋的设计位置上预留出孔道(直线型或曲线型),等混凝土强度达到设计强度的 75% 后,将预应力钢筋穿入孔道,并利用构件本身作为加力台座进行张拉,在张拉钢筋的同时,构件被压缩。张拉完毕后,用工作锚具将钢筋锚固在构件的两端。然后在孔道内进行灌浆,以防止钢筋锈蚀并使预应力钢筋与混凝土更好地粘结成一个整体。钢筋内的预应力是靠构件两端的工作锚具传给混凝土的,如图 8-3 所示。由此可见,后张法是通过锚具施加预应力的。

后张法不需要专门台座,可在现场制作,因此多用于大型构件,后张法的钢筋可根据构件受力情况布置成曲线型,但增加了留孔、灌浆等工序,施工比较复杂。所用的锚具附在构件内,耗钢量较大。

后张法的预应力钢筋常采用成束的高强度钢丝(称为钢丝束)、钢绞线及热处理钢筋等。

三、预应力混凝土的材料

(一)混凝土

在预应力混凝土构件中,对混凝土有下列要求:

(1)强度高。为了与高强度钢筋相适应,保证钢筋充分发挥作用,并

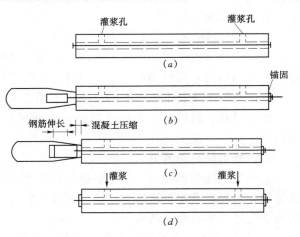

图 8-3 后张法工序示意图
(a) 制作混凝土构件、预留孔道;(b) 安装千斤顶;
(c) 张拉钢筋;(d) 锚固钢筋、拆除千斤顶、孔道加压灌浆

能有效地减小构件截面尺寸和减轻自重。SL/ T191—96《规范》中规定,混凝土的强度等级一般不宜低于 C30;当采用碳素钢丝、钢绞线和热处理钢筋作为预应力钢筋时,则混凝土强度等级不宜低于 C40。

（2）收缩和徐变小。选用收缩和徐变小的混凝土，可减少由于收缩和徐变产生的预应力损失。

（3）快凝、早强。使用快凝、早强的混凝土，可以尽早施加预应力，加快施工进度，提高设备利用率。

（二）钢材

与普通混凝土构件相比，钢筋在预应力构件中，从构件开始制作到构件破坏为止，始终处于高应力状态，故对钢筋有较高的质量要求。

1. 强度高

混凝土预压应力的大小，取决于预应力钢筋张拉应力的大小。采用高强度钢筋，可提高钢筋的张拉应力，混凝土便可获得较大的预压应力。此外，由于预应力钢筋的张拉应力在构件的制作和使用过程中会出现各种应力损失（这些损失总和有时可高达 200N/mm²），如果不采用高强度钢筋，那么张拉时所建立的应力甚至会损失殆尽。所以要建立较高的预压应力，就要求预应力钢筋具有较高的抗拉强度。

2. 与混凝土之间有较好的粘结强度

先张法构件的预应力主要是依靠钢筋与混凝土之间粘结力来完成的，因此要求钢筋和混凝土之间有较好的粘结强度。当采用光面高强度的钢丝时，就要经过"刻痕"、"压波"或"扭结"等处理措施，使它形成刻痕钢丝、波形钢丝及扭结钢丝，以增加钢丝与混凝土之间的粘结力。

3. 有足够的塑性

为了避免预应力混凝土构件发生脆性破坏，要求预应力钢筋在拉断时，具有一定的伸长率。钢材强度越高，其塑性（拉断时的延伸率）往往越低。钢筋塑性太低时，特别是当处于低温和冲击荷载条件下，就有可能发生脆性断裂。因此在选择高强度钢筋时，要保证其足够的塑性。

4. 良好的加工性能

良好的加工性能是指钢筋焊接性能好，以及采用墩头锚板时，钢筋头部墩粗后不影响原有的力学性能等。

目前，我国常用的预应力钢筋有下列几种：

（1）冷轧带肋钢筋。LL650、LL800 级冷轧带肋钢筋主要用于中小型构件，其强度设计值分别为 430N/mm² 及 530N/mm²。用这种钢筋代替冷拔低碳钢丝可大大节省钢材，但对直接承受动荷载的构件，因试验研究和工程应用经验还很少，故在这类构件中宜慎重使用。

（2）热处理钢筋。热处理钢筋是目前强度较高的一种预应力钢筋，其强度设计值为 1000N/mm²，并具有应力松弛小等特点。

（3）高强钢丝。包括碳素钢丝、刻痕钢丝等。它们的强度设计值在 1000N/mm² 以上，多用于大跨度构件中。

（4）钢绞线。钢绞线是把多股（例如 7 股）平行的高强钢丝顺一个方向扭结而成的（图 8-4）。常用的钢绞线为 7ϕ5 和 7ϕ4。钢绞线与混凝

图 8-4 钢绞线

土之间粘结较好，应力松弛较小，而且比钢筋或钢丝束柔软，便于运输及施工。

在后张法构件中，当需要钢丝的数量很多时，钢丝常成束布置，即将几根或几十根钢丝按一定的规律平行地排列，用铁丝扎在一起，称为钢丝束。排列的方式有好几种，如图8-5所示。

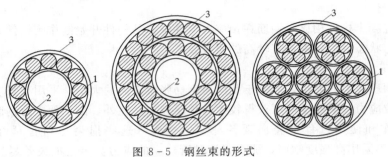

图 8-5 钢丝束的形式
1—钢丝；2—芯子；3—绑扎铁丝

第二节 张拉控制应力与预应力损失

一、张拉控制应力 σ_{con}

张拉控制应力是指张拉钢筋时预应力钢筋达到的最大应力值，也就是张拉设备（如千斤顶油压表）所控制的张拉力除以预应力钢筋截面面积所得的应力值，以 σ_{con} 表示。

由于摩擦阻力等因素的影响，有时张拉控制应力不一定等于预应力钢筋在张拉时所受到的拉应力。

σ_{con} 定得越高，混凝土所建立的预压应力也就越大，从而构件的抗裂性能也就越好。但从另一方面看，σ_{con} 定得过高，张拉时可能引起钢筋应力达到屈服强度或钢丝束断丝，构件的延性也会变差，反而达不到预期的预应力效果。当构件出现裂缝时的荷载与破坏荷载接近时，破坏呈脆性。SL/T191—96《规范》中规定，σ_{con} 的取值一般情况下不宜超过表8-1所列数值。

冷拉热轧钢筋（软钢）可以定得高一些，而高强钢丝、钢绞线等（硬钢）应定得低一些；先张法构件的 σ_{con} 可以定得高一些，后张法构件的 σ_{con} 应定得低一些。

SL/T191—96《规范》规定的张拉控制应力允许值见表8-1。

表 8-1　张拉控制应力允许值 σ_{con}

项次	钢　　种	张 拉 方 法	
		先张法	后张法
1	碳素钢丝、刻痕钢丝、钢绞线	$0.75\,f_{ptk}$	$0.7\,f_{ptk}$
2	热处理钢筋、冷轧带肋钢筋	$0.70\,f_{ptk}$	$0.65\,f_{ptk}$

注　表中 f_{ptk} 表示上述钢种的抗拉强度标准值。

SL/T191—96《规范》规定在下列情况下，表中的 σ_{con} 值可提高 $0.05\,f_{ptk}$：①为了提高构件在施工阶段的抗裂性能而在使用阶段受压区内设置的预应力钢筋；②为了部分抵消由于预应力松弛、摩擦、钢筋分批张拉以及预应力钢筋与张拉台座之间的温差等因素产生的预应力损失。

二、预应力损失

预应力钢筋的张拉应力在预应力混凝土构件施工及使用过程中，由于张拉工艺、构件制作、配筋方式和材料特性等原因不断降低，张拉应力的这种降低值称为预应力损失。引起预应力损失的因素很多，有的因素如混凝土的收缩、徐变、钢筋松弛等引起的损失还随时间的增长和环境的变化而不断变化，许多因素之间又相互制约、相互依存，因此确切测定预应力损失比较困难。SL/T191—96《规范》规定以各个主要因素单独造成的预应力损失之和近似作为总损失来进行计算。预应力损失的计算是分析构件在受荷前应力状态和进行预应力构件设计的重要内容及前提。下面仅就预应力损失的种类、产生的原因及减少预应力损失的措施作一介绍。

（一）锚具变形和钢筋内缩引起的预应力损失 σ_{l1}

在张拉端，当预应力钢筋的张拉应力达到 σ_{con} 后，便锚固在台座或构件上，然后卸去张拉机械。此时，由于锚具变形、垫板与垫板、垫板与构件之间的缝隙被挤紧以及钢筋在锚具中的内缩滑移，使得张紧的钢筋内缩，引起预应力损失。

锚具损失只需考虑张拉端，因为锚固端的锚具在张拉的过程中已被挤紧。

为了减少此项预应力损失，可采取以下措施：

（1）选用变形小或使预应力钢筋内缩小的锚、夹具，尽量少用垫板。

（2）增加台座长度，减小预应力钢筋的回缩应变。

（3）进行超张拉。所谓超张拉就是把预应力钢筋先张拉到 $(1.05 \sim 1.1) \sigma_{con}$，维持 2min 后放松至 $0.85\sigma_{con}$，维持 2min，再次张拉到 σ_{con}。

（二）预应力钢筋与孔道壁之间的摩擦引起的预应力损失 σ_{l2}

后张法施工时，由于张拉钢筋与孔道壁之间的摩擦作用，使得张拉端到锚固端的实际应力值逐渐减小，减小的应力值即为预应力损失 σ_{l2}

减少摩擦损失的措施有：

（1）两端同时张拉。当构件长度超过 18m 或较长构件的曲线式配筋常采用两端张拉的施工方法。采用两端张拉可比一端张拉减小 1/2 摩擦损失值。

（2）采用超张拉。张拉程序为：$0 \rightarrow 1.1\sigma_{con} \rightarrow 0.85\sigma_{con} \rightarrow \sigma_{con}$。超张拉后，钢筋的应力分布比一次张拉的应力分布均匀，摩擦损失小。

（三）预应力钢筋与台座之间的温差引起的预应力损失 σ_{l3}

对于先张法构件，为缩短构件的生产周期，常对混凝土加热养护以加速其硬化。升温时，钢筋受热膨胀，而两端的台座是固定不动的，因此产生预应力损失 σ_{l3}。降温时混凝土已结硬，并与钢筋结成整体一起回缩，由于两种材料具有相近的温度膨胀系数使得两者的回缩相同，钢筋的应力不再变化即损失不再恢复。

减少此项损失的措施有：

（1）采用二次升温养护。先在常温下养护至混凝土强度等级达 C7～C10 时，再逐渐升温，此时可认为钢筋与混凝土已结为整体，能共同膨胀和收缩而无应力损失。

（2）在钢模上张拉。钢筋与钢模温度相同，能共同膨胀与收缩，可不考虑此项损失。

（四）钢筋应力松弛引起的预应力损失 σ_{l4}

钢筋在高应力作用下，变形具有随时间而增长的特性。当钢筋的长度保持不变时，其应力会随时间增长而降低，这种现象称为钢筋的应力松弛（或徐舒）。钢筋的应力松弛使预应力值降低，造成预应力损失 σ_{l4}。

减少预应力损失的措施有：

（1）采用超张拉。

（2）采用低松弛损失的钢筋。

（五）混凝土收缩和徐变引起的预应力损失 σ_{l5}

预应力构件由于在混凝土收缩和徐变的综合影响下长度缩短，预应力钢筋也随之回缩，从而引起预应力损失 σ_{l5}。

减少此项损失的措施有：

（1）采用高标号水泥，减少水泥用量，降低水灰比，采用半干硬性混凝土。

（2）采用级配好的骨料，加强振捣，提高混凝土的密实性。

（3）加强养护，以减少混凝土的收缩。

（六）钢筋挤压混凝土引起的预应力损失 σ_{l6}

环形结构构件的混凝土被螺旋式预应力筋箍紧，混凝土受预应力筋的挤压会发生局部压陷，使得预应力筋回缩，引起预应力损失 σ_{l6}。

上述六项预应力损失并不同时发生，而是按不同张拉方式分阶段发生的。通常把混凝土预压前出现的预应力损失称为第一批损失，预压后出现的损失称为第二批损失。各阶段的预应力损失值可按表8-2组合。

表 8-2　　各阶段预应力损失值的组合

预应力损失值的组合	先张法	后张法
第一批损失	$\sigma_{l1} + \sigma_{l3} + \sigma_{l4}$	$\sigma_{l1} + \sigma_{l2}$
第二批损失	σ_{l5}	$\sigma_{l4} + \sigma_{l5} + \sigma_{l6}$

第三节　预应力混凝土构件验算方法

预应力混凝土构件除与普通钢筋混凝土构件一样需要按承载力和正常使用两种极限状态进行计算外，还需验算施工阶段（制作、运输、安装）混凝土的强度和抗裂性能。因此，设计预应力混凝土构件时，计算内容包括以下几方面：

1. 使用阶段

（1）承载力计算；

（2）抗裂、裂缝宽度验算；

（3）挠度验算。

2. 施工阶段

（1）混凝土强度验算；

（2）抗裂验算。

本　章　小　结

1. 构件在承受荷载以前，预先人为地对构件受拉区混凝土施加压应力的构件，称为预应力混凝土构件。预应力混凝土构件的优点是：提高构件的抗裂能力和刚度，克服普通钢筋混凝土构件抗裂性能低的缺点；充分发挥高强度钢筋的作用，使高强度钢筋在混凝土构件中获得了广泛应用。

2. 根据张拉钢筋和浇筑混凝土的先后次序的不同，可分为先张法和后张法。先张法适合于工厂生产中、小型预应力混凝土构件；而后张法则适合于大型预应力混凝土构件。

3. 由于张拉工艺和材料特性等的原因，从张拉钢筋开始直至构件使用的整个过程中，预应力筋的控制应力 σ_{con} 将逐渐降低。与此同时，混凝土的预压应力将逐渐下降，即所谓的预应力损失。

预应力损失共有六种。这些应力损失，有的只发生在先张法构件中，有的则只发生在后张法构件中，而有的既发生在先张法构件中，又发生在后张法构件中。预应力损失将对预应力混凝土构件带来有害影响，因此，在设计和施工中应采取有效措施，减少预应力损失值。

4. 预应力混凝土构件的构造要求是保证构件设计付诸实施的重要措施。在预应力混凝土构件设计和施工中应加以注意。

习　　题

1. 什么是预应力混凝土？与普通钢筋混凝土比较，预应力混凝土有何优缺点？

2. 预应力混凝土构件对材料有何要求？为什么在预应力混凝土构件中必须采用高强钢筋和高强混凝土？

3. 简述预应力的工作原理。

4. 施加预应力的方法主要有几种？各有什么优缺点？其预应力的传递有何不同？

5. 什么叫张拉控制应力？其主要的影响因素是什么？为什么要对钢筋的张拉应力进行控制？

6. 什么是预应力损失？其主要的影响因素是什么？如何降低预应力损失？

7. 预应力混凝土构件一般要进行哪几方面的计算？

第九章　砌　体　结　构

砌体结构指用各种块材通过砂浆铺砌而成的结构。在工程实践中,砌体多作为轴心受压和偏心受压构件用于混合结构房屋的墙和柱。本章主要介绍砌体结构的轴心受压和偏心受压承载力计算。砌体结构一般只需按承载能力极限状态设计,正常使用极限状态的要求可由构造措施(控制砌体的高厚比)来予以保证。

第一节　砌体的力学性能

一、材料的强度等级

目前,我国常用的块材是砖、石和砌块,用它们砌筑的砌体分别叫砖砌体、石砌体和砌块砌体。

块材的强度等级符号以 MU 表示,砂浆强度等级符号以 M 表示,强度等级是按照极限抗压强度的大小划分的。

(1) 砖材:水工建筑中用的砖材主要是烧结砖。烧结砖的强度等级,按 GBJ3—88《砌体结构设计规范》规定,有 MU30、MU25、MU20、MU15、MU10 和 MU7.5 六级。

(2) 石材:石材的强度等级共分九级,即 MU100、MU80、MU60、MU50、MU40、MU30、MU20、MU15 和 MU10。石砌体应选用质地坚硬、均匀、没有裂缝且不易风化的天然石材。

(3) 砌块:工程中的砌块主要有混凝土小型空心砌块、混凝土中型空心砌块和粉煤灰中型空心砌块三种。砌块的强度等级分 MU15、MU10、MU7.5、MU5 和 MU3.5 五级。

(4) 砂浆:砂浆按其组成可分成水泥砂浆、混合砂浆及石灰砂浆等。水工结构水下部分及水位变动部分区域宜用水泥砂浆,水上部分用混合砂浆或石灰砂浆。砂浆强度等级共分七级,即 M15、M10、M7.5、M5、M2.5、M1、M0.4。此外,还有"零"砂浆,所谓"零"砂浆是指验算新砌筑砌体的强度时,砂浆的强度按零考虑。

水工结构所用砖石及砂浆最低强度等级,可参考表 9-1 确定。

表 9-1　　　　　　　　　砖石及砂浆最低强度等级

结构种类	砖　材	石　材	砂　浆
拱圈	MU10（大中跨度） MU7.5（小跨度）	MU30	M7.5（大中跨度） M5（小跨度）
大中涵、墩台及基础	MU10	MU20	M5
小涵闸、墩台、基础、挡土墙	MU7.5	MU20	M2.5

二、砌体的强度指标

(1) GBJ3—88《砌体结构设计规范》给出了各类砌体的强度设计值。龄期为 28 天的以毛截面计算的砖砌体及毛石砌体抗压强度设计值 f 按表 9-2、表 9-3 取用。

表 9-2　　　　　　　　　　　砖砌体的抗压强度设计值 f（MPa）

砖的强度等级	砂 浆 强 度 等 级							砂浆强度
	M15	M10	M17.5	M5	M2.5	M1	M0.4	0
MU30	4.16	3.45	3.10	2.74	2.39	2.17	1.58	1.22
MU25	3.80	3.15	2.83	2.50	2.18	1.98	1.45	1.11
MU20	3.40	2.82	2.53	2.24	1.95	1.77	1.29	1.00
MU15	2.94	2.44	2.19	1.94	1.69	1.54	1.12	0.86
MU10	2.40	1.99	1.79	1.58	1.38	1.26	0.91	0.70
MU7.5	—	1.73	1.55	1.37	1.19	1.09	0.79	0.61

表 9-3　　　　　　　　　　　毛石砌体的抗压强度设计值 f（MPa）

石材强度等级	砂 浆 强 度 等 级					砂浆强度
	M7.5	M5	M2.5	M1	M0.4	0
MU100	1.35	1.20	1.04	0.61	0.45	0.36
MU80	1.21	1.07	0.93	0.54	0.40	0.32
MU60	1.05	0.93	0.81	0.47	0.35	0.28
MU50	0.96	0.85	0.74	0.43	0.32	0.25
MU40	0.86	0.76	0.66	0.38	0.29	0.22
MU30	0.74	0.66	0.57	0.33	0.25	0.19
MU20	0.60	0.54	0.47	0.27	0.20	0.16
MU15	0.52	0.46	0.40	0.24	0.18	0.14
MU10	0.43	0.38	0.33	0.19	0.14	0.11

（2）砌体强度的设计值调整系数 γ_a。根据工程实践，对各类砌体强度的设计值应按表 9-4 中所列情况进行调整。

表 9-4　　　　　　　　　　　砌体强度设计值的调整系数

使 用 情 况	γ_a
有吊车房屋和跨度≥9m 的多层房屋	0.9
构件面积 $A < 0.3\mathrm{m}^2$	$0.7 + A$
用水泥砂浆砌筑的各类砌体强度要调整，对于表 9-2、表 9-3	0.85
验算施工中房屋的构件时	1.1

三、砌体结构设计方法

GBJ3—88《规范》规定砌体结构一般只需按承载力极限状态设计，正常使用极限状态的要求可由构造措施（控制砌体的高厚比）来予以保证。承载能力极限状态设计表达式为：

$$\gamma_0 \left(\gamma_G C_G G_k + \gamma_{Q1} C_{Q1} Q_{1k} + \sum_{i=2}^{n} \gamma_{Qi} C_{Qi} \psi_{Ci} Q_{ik} \right) \leqslant R \qquad (9-1)$$

对一般单层和多层房屋可简化为：

$$\gamma_0 \left(\gamma_G C_G G_k + \psi \sum_{i=2}^{n} \gamma_{Qi} C_{Qi} \psi_{Ci} Q_{ik} \right) \leqslant R \qquad (9-2)$$

上二式中　γ_0——结构重要性系数，结构安全等级为一、二、三级的砌体构件，分别取为 1.1、1.0 和 0.9；

　　　　γ_G——永久荷载分项系数，一般情况取 1.2；当永久荷载对承载有利时取 1.0；

　　γ_{Q1}、γ_{Qi}——第一个及和第 i 个可变荷载的分项系数，一般情况下可取用 1.4；

　　C_G、G_k——永久荷载效应系数和标准值；

　　　　Q_{1k}——第一个可变荷载标准值，其效应大于其它第 i 个可变荷载效应的标准值；

　　　　Q_{ik}——其它第 i 个可变荷载效应的标准值；

　　C_{Q1}、C_{Qi}——第一个及第 i 个可变荷载的荷载效应系数；

　　　　ψ_{ci}——第 i 个可变荷载的组合系数，当风载与其它荷载组合时取用 0.6；

　　　　ψ——简化的荷载组合系数，当风载与其它可变荷载组合时取用 0.85；

　　　　R——结构构件的设计抗力函数。

第二节　砌体受压构件的承载力

对轴心受压、偏心受压的短柱和长柱的承载力均可按以下公式计算：

$$N \leqslant \varphi A f \qquad (9-3)$$

式中　N——轴向力设计值；

　　　A——构件的截面面积；

　　　f——砌体的抗压设计强度，砖砌体、毛石砌体分别按表 9-2、表 9-3 查取，并注意要乘以调整系数 γ_a；

　　　φ——高厚比和轴向力偏心距对抗压承载力的影响系数，按表 9-5 查取。

表 9-5a　　　　　　　　　　　影响系数（砂浆强度等级≥M5）

β	e/h 或 e/h_T																				
	0	0.025	0.05	0.075	0.1	0.125	0.15	0.175	0.2	0.225	0.25	0.275	0.3	0.325	0.35	0.4	0.45	0.5
≤3	1	0.99	0.97	0.94	0.89	0.84	0.79	0.73	0.68	0.62	0.57	0.52	0.48	0.44	0.40	0.34	0.29	0.25
4	0.98	0.95	0.91	0.86	0.8	0.75	0.69	0.64	0.58	0.53	0.48	0.44	0.40	0.36	0.33	0.28	0.23	0.20
6	0.95	0.91	0.86	0.81	0.76	0.70	0.64	0.59	0.54	0.49	0.45	0.40	0.37	0.33	0.30	0.25	0.21	0.17
8	0.91	0.87	0.92	0.77	0.71	0.66	0.60	0.55	0.50	0.45	0.41	0.37	0.34	0.30	0.28	0.23	0.19	0.16
10	0.87	0.82	0.77	0.72	0.66	0.61	0.56	0.51	0.46	0.42	0.38	0.34	0.31	0.28	0.25	0.21	0.17	0.14
12	0.82	0.77	0.72	0.67	0.62	0.57	0.52	0.47	0.43	0.39	0.35	0.31	0.28	0.26	0.23	0.19	0.15	0.13
14	0.77	0.72	0.68	0.63	0.58	0.53	0.48	0.44	0.40	0.36	0.32	0.29	0.26	0.24	0.21	0.17	0.14	0.12
16	0.72	0.68	0.63	0.58	0.54	0.49	0.45	0.40	0.37	0.33	0.30	0.27	0.24	0.22	0.20	0.16	0.13	0.10
18	0.67	0.63	0.59	0.54	0.50	0.46	0.42	0.38	0.34	0.31	0.28	0.25	0.22	0.20	0.18	0.15	0.12	0.10
20	0.62	0.58	0.54	0.5	0.46	0.42	0.39	0.35	0.32	0.28	0.26	0.23	0.21	0.19	0.17	0.13	0.11	0.09

β	e/h 或 e/h_T																	
	0	0.025	0.05	0.075	0.1	0.125	0.15	0.175	0.2	0.225	0.25	0.275	0.3	0.325	0.35	0.4	0.45	0.5
22	0.58	0.54	0.51	0.47	0.43	0.40	0.36	0.33	0.30	0.27	0.24	0.22	0.19	0.17	0.16	0.12	0.10	0.08
24	0.54	0.5	0.47	0.44	0.40	0.37	0.34	0.30	0.28	0.25	0.22	0.20	0.18	0.16	0.14	0.12	0.09	0.08
26	0.5	0.47	0.44	0.4	0.37	0.34	0.31	0.28	0.26	0.23	0.21	0.19	0.17	0.15	0.13	0.11	0.09	0.07
28	0.46	0.43	0.41	0.38	0.35	0.32	0.29	0.26	0.24	0.22	0.20	0.17	0.16	0.14	0.12	0.10	0.08	0.06
30	0.42	0.4	0.38	0.35	0.32	0.30	0.27	0.25	0.22	0.20	0.18	0.16	0.15	0.13	0.12	0.09	0.08	0.06

表 9 - 5b　　　　　　　　　　影响系数（砂浆强度等级 M2.5）

β	e/h 或 e/h_T																	
	0	0.025	0.05	0.075	0.1	0.125	0.15	0.175	0.2	0.225	0.25	0.275	0.3	0.325	0.35	0.4	0.45	0.5
≤3	1	0.99	0.97	0.94	0.89	0.84	0.79	0.73	0.68	0.62	0.57	0.52	0.48	0.44	0.40	0.34	0.29	0.25
4	0.97	0.94	0.89	0.84	0.79	0.73	0.68	0.62	0.57	0.52	0.47	0.43	0.39	0.35	0.32	0.27	0.22	0.19
6	0.93	0.89	0.84	0.79	0.74	0.68	0.62	0.57	0.52	0.47	0.43	0.39	0.35	0.32	0.29	0.24	0.20	0.16
8	0.89	0.84	0.79	0.74	0.68	0.63	0.57	0.52	0.48	0.43	0.39	0.35	0.32	0.29	0.26	0.21	0.18	0.15
10	0.83	0.78	0.74	0.68	0.63	0.58	0.53	0.48	0.43	0.39	0.36	0.32	0.29	0.26	0.24	0.19	0.16	0.13
12	0.78	0.73	0.68	0.63	0.58	0.53	0.48	0.44	0.40	0.36	0.32	0.29	0.26	0.24	0.21	0.17	0.14	0.12
14	0.72	0.67	0.63	0.58	0.53	0.49	0.44	0.40	0.36	0.33	0.30	0.27	0.24	0.22	0.19	0.16	0.13	0.10
16	0.66	0.62	0.58	0.53	0.49	0.45	0.41	0.37	0.34	0.30	0.27	0.24	0.22	0.20	0.18	0.14	0.12	0.09
18	0.61	0.57	0.53	0.49	0.45	0.41	0.38	0.34	0.31	0.28	0.25	0.22	0.20	0.18	0.16	0.13	0.10	0.08
20	0.56	0.52	0.49	0.45	0.42	0.38	0.35	0.31	0.28	0.26	0.23	0.21	0.18	0.17	0.15	0.12	0.10	0.08
22	0.51	0.48	0.45	0.41	0.38	0.35	0.32	0.29	0.26	0.24	0.21	0.19	0.17	0.15	0.14	0.11	0.09	0.07
24	0.46	0.44	0.41	0.38	0.35	0.32	0.30	0.27	0.24	0.22	0.20	0.18	0.16	0.14	0.13	0.10	0.08	0.06
26	0.42	0.40	0.38	0.35	0.32	0.30	0.27	0.25	0.22	0.20	0.18	0.16	0.15	0.13	0.12	0.09	0.08	0.06
28	0.40	0.37	0.35	0.32	0.30	0.28	0.25	0.23	0.21	0.19	0.17	0.15	0.14	0.12	0.11	0.09	0.07	0.06
30	0.36	0.34	0.32	0.30	0.28	0.26	0.24	0.21	0.19	0.18	0.16	0.14	0.13	0.11	0.10	0.08	0.06	0.05

表 9 - 5c　　　　　　　　　　影响系数（砂浆强度等级 M1）

β	e/h 或 e/h_T																	
	0	0.025	0.05	0.075	0.1	0.125	0.15	0.175	0.2	0.225	0.25	0.275	0.3	0.325	0.35	0.4	0.45	0.5
≤3	1	0.99	0.97	0.94	0.89	0.84	0.79	0.73	0.68	0.62	0.57	0.52	0.48	0.44	0.40	0.34	0.30	0.25
4	0.95	0.92	0.87	0.82	0.77	0.71	0.65	0.60	0.54	0.50	0.45	0.41	0.37	0.34	0.31	0.25	0.21	0.18
6	0.90	0.86	0.81	0.75	0.70	0.64	0.59	0.54	0.49	0.44	0.40	0.36	0.33	0.30	0.27	0.22	0.18	0.15
8	0.84	0.79	0.74	0.69	0.63	0.58	0.53	0.48	0.44	0.40	0.36	0.32	0.29	0.26	0.24	0.19	0.16	0.13
10	0.77	0.72	0.67	0.62	0.57	0.52	0.48	0.44	0.40	0.36	0.32	0.29	0.26	0.23	0.21	0.17	0.14	0.12
12	0.70	0.65	0.61	0.56	0.52	0.47	0.43	0.39	0.35	0.32	0.29	0.26	0.23	0.21	0.19	0.15	0.12	0.10
14	0.63	0.59	0.55	0.51	0.47	0.43	0.39	0.35	0.32	0.29	0.26	0.23	0.21	0.19	0.17	0.14	0.11	0.09

β	e/h 或 e/hT																	
	0	0.025	0.05	0.075	0.1	0.125	0.15	0.175	0.2	0.225	0.25	0.275	0.3	0.325	0.35	0.4	0.45	0.5
16	0.56	0.53	0.49	0.46	0.42	0.39	0.35	0.32	0.29	0.26	0.23	0.21	0.19	0.17	0.15	0.12	0.10	0.08
18	0.51	0.48	0.44	0.41	0.38	0.35	0.32	0.29	0.26	0.24	0.21	0.19	0.17	0.15	0.14	0.11	0.09	0.07
20	0.45	0.43	0.40	0.37	0.34	0.32	0.29	0.26	0.24	0.21	0.19	0.17	0.16	0.14	0.12	0.10	0.08	0.06
22	0.41	0.39	0.36	0.34	0.31	0.29	0.26	0.24	0.22	0.20	0.18	0.16	0.14	0.13	0.11	0.09	0.07	0.06
24	0.37	0.35	0.33	0.31	0.28	0.26	0.24	0.22	0.20	0.18	0.16	0.14	0.13	0.12	0.10	0.08	0.07	0.05
26	0.33	0.32	0.30	0.28	0.26	0.24	0.22	0.20	0.18	0.16	0.15	0.13	0.12	0.10	0.10	0.08	0.06	0.05
28	0.30	0.29	0.27	0.26	0.24	0.22	0.20	0.18	0.17	0.15	0.14	0.12	0.11	0.10	0.09	0.07	0.06	0.04
30	0.27	0.26	0.25	0.23	0.22	0.20	0.19	0.17	0.15	0.14	0.13	0.11	0.10	0.09	0.08	0.06	0.05	0.04

表 9 - 5d　　　　　　　　　　**影响系数（砂浆强度等级 M0.4）**

β	e/h 或 e/hT																	
	0	0.025	0.05	0.075	0.1	0.125	0.15	0.175	0.2	0.225	0.25	0.275	0.3	0.325	0.35	0.4	0.45	0.5
≤3	1	0.99	0.97	0.94	0.89	0.84	0.79	0.73	0.68		0.57	0.52	0.48	0.44	0.40	0.34	0.29	0.25
4	0.93	0.89	0.84	0.79	0.74	0.68	0.62	0.57	0.52	0.47	0.43	0.39	0.35	0.32	0.29	0.24	0.20	0.16
6	0.86	0.81	0.76	0.71	0.66	0.60	0.55	0.50	0.45	0.41	0.37	0.34	0.30	0.27	0.25	0.20	0.17	0.14
8	0.78	0.73	0.68	0.63	0.58	0.53	0.48	0.44	0.40	0.36	0.32	0.29	0.36	0.24	0.21	0.17	0.14	0.12
10	0.69 *	0.65	0.60	0.56	0.51	0.47	0.43	0.39	0.35	0.32	0.28	0.26	0.23	0.21	0.18	0.15	0.12	0.10
12	0.61	0.57	0.53	0.49	0.45	0.41	0.38	0.34	0.31	0.28	0.25	0.22	0.20	0.18	0.16	0.13	0.10	0.08
14	0.53	0.50	0.47	0.43	0.40	0.36	0.33	0.30	0.27	0.25	0.22	0.20	0.18	0.16	0.14	0.11	0.09	0.07
16	0.46	0.44	0.41	0.38	0.35	0.32	0.30	0.27	0.24	0.22	0.20	0.18	0.16	0.14	0.13	0.10	0.08	0.06
18	0.41	0.38	0.36	0.34	0.31	0.29	0.26	0.24	0.22	0.20	0.18	0.16	0.14	0.13	0.11	0.09	0.07	0.06
20	0.36	0.34	0.32	0.30	0.28	0.26	0.24	0.21	0.19	0.18	0.16	0.14	0.13	0.11	0.10	0.08	0.06	0.05
22	0.31	0.30	0.28	0.27	0.25	0.23	0.21	0.19	0.18	0.16	0.14	0.13	0.11	0.10	0.09	0.07	0.06	0.05
24	0.28	0.27	0.25	0.24	0.22	0.21	0.19	0.17	0.16	0.14	0.13	0.12	0.10	0.09	0.08	0.06	0.05	0.04
26	0.25	0.24	0.23	0.22	0.20	0.19	0.17	0.16	0.14	0.13	0.12	0.10	0.09	0.08	0.08	0.06	0.05	0.04
28	0.22	0.21	0.20	0.19	0.18	0.17	0.16	0.14	0.13	0.12	0.11	0.10	0.09	0.08	0.07	0.05	0.04	0.03
30	0.20	0.19	0.18	0.18	0.17	0.16	0.14	0.13	0.12	0.11	0.10	0.09	0.08	0.07	0.06	0.05	0.04	0.03

表 9 - 5e　　　　　　　　　　**影响系数（砂浆强度等级 M0）**

β	e/h 或 e/hT																	
	0	0.025	0.05	0.075	0.1	0.125	0.15	0.175	0.2	0.225	0.25	0.275	0.3	0.325	0.35	0.4	0.45	0.5
≤3	1	0.97	0.94	0.89	0.84	0.79	0.73	0.68	0.62	0.57	0.52	0.48	0.44	0.40	0.34	0.29	0.25	
4	0.87	0.78	0.72	0.67	0.62	0.56	0.51	0.46	0.42	0.38	0.34	0.31	0.28	0.25	0.21	0.17	0.14	
6	0.76	0.66	0.61	0.56	0.52	0.47	0.43	0.38	0.35	0.31	0.28	0.25	0.23	0.21	0.17	0.14	0.11	
8	0.63	0.55	0.51	0.47	0.43	0.39	0.36	0.32	0.29	0.26	0.23	0.21	0.19	0.17	0.14	0.11	0.09	

β	\multicolumn{18}{c}{e/h 或 e/h_T}
	0	0.025	0.05	0.075	0.1	0.125	0.15	0.175	0.2	0.225	0.25	0.275	0.3	0.325	0.35	0.4	0.45	0.5
10	0.53	0.46	0.43	0.39	0.36	0.33	0.30	0.27	0.24	0.22	0.20	0.18	0.16	0.14	0.11	0.09	0.07	
12	0.44	0.39	0.36	0.33	0.30	0.28	0.25	0.23	0.21	0.19	0.17	0.15	0.13	0.12	0.10	0.08	0.06	
14	0.36	0.32	0.30	0.28	0.26	0.24	0.22	0.20	0.18	0.16	0.14	0.13	0.11	0.10	0.08	0.06	0.05	
16	0.30	0.28	0.26	0.24	0.22	0.20	0.19	0.17	0.15	0.14	0.12	0.11	0.09	0.07	0.06	0.04		
18	0.26	0.24	0.22	0.21	0.19	0.18	0.16	0.15	0.13	0.12	0.11	0.10	0.09	0.08	0.06	0.05	0.04	
20	0.22	0.20	0.19	0.18	0.17	0.16	0.15	0.13	0.12	0.11	0.10	0.08	0.08	0.07	0.05	0.04	0.03	
22	0.19	0.18	0.17	0.16	0.15	0.14	0.12	0.12	0.10	0.09	0.08	0.08	0.07	0.06	0.05	0.04	0.03	
24	0.16	0.15	0.14	0.13	0.12	0.11	0.10	0.09	0.08	0.08	0.07	0.06	0.05	0.05	0.04	0.03	0.03	
26	0.14	0.14	0.13	0.12	0.12	0.11	0.10	0.09	0.08	0.07	0.07	0.06	0.05	0.05	0.04	0.03	0.02	
28	0.12	0.12	0.11	0.11	0.10	0.10	0.09	0.08	0.07	0.07	0.06	0.05	0.05	0.04	0.03	0.03	0.02	
30	0.11	0.11	0.10	0.10	0.09	0.09	0.08	0.07	0.07	0.06	0.05	0.05	0.04	0.04	0.03	0.02	0.02	

应用公式（9-3）进行计算时应注意以下问题：

（1）查表求 φ 时要考虑不同种类砌体在受力性能上的差异，对高厚比要乘以下列系数：混凝土小型空心砌块砌体为 1.1；粉煤灰中型实心砌块、硅酸盐砖、细料石和半细料石砌体为 1.2；粗料石和毛石砌体系数为 1.5。

高厚比 β：对矩形截面 $\qquad \beta = \dfrac{H_0}{h}$

对 T 形截面 $\qquad \beta = \dfrac{H_0}{h_T}$

上二式中 H_0——受压构件的计算高度，按表 9-7 确定；

h——矩形截面轴向力偏心方向的边长，若为轴心受压则取截面短边长；

h_T——T 形截面的折算厚度，可近似地取 $3.5i$ 计算，i 为截面的回转半径。

（2）对矩形截面构件，当轴向力偏心方向的截面边长大于另一方向边长时，除按偏压构件进行计算外，还应对较小边长方向按轴压构件进行验算。

（3）轴向力偏心距 e 按荷载标准值计算，并不宜超过 $0.7y$（y 为截面重心到轴向力偏心方向截面边缘的距离）。

当 $0.7y < e \leqslant 0.95y$ 时，除了要按公式（9-3）计算承载能力之外，还须按下式进行验算：

$$\frac{N_k e}{W} - \frac{N_k}{A} \leqslant f_{tm,\,k} \qquad (9-4)$$

当 $e > 0.95y$ 时，截面一旦开裂，砌体就有可能由于沿通缝弯曲抗拉强度不足而破坏，应直接按偏心受压构件进行计算：

$$\frac{Ne}{W} - \frac{N}{A} \leqslant f_{tm} \qquad (9-5)$$

上二式中 N_k、N——分别为轴向力的标准值和设计值；

$f_{tm,k}$、f_{tm}——分别为砌体沿通缝截面的弯曲抗拉强度标准值和设计值，f_{tm} 按表 9－6采用；$f_{tm,k}=1.5f_{tm}$；

W——截面抵抗矩。

表 9－6　　　　　　　　　砌体弯曲抗强度设计值 f_{tm}（MPa）

破坏特征	砌体种类	砂浆强度等级					
		M10	M7.5	M5	M2.5	M1	M0.4
沿齿缝截面破坏	烧结普通粘土砖、空心砖	0.36	0.31	0.25	0.18	0.11	0.07
	混凝土小型空心砌块	0.12	0.10	0.08	0.06	—	—
	混凝土中型空心砌块	0.09	0.08	0.06	0.04	—	—
	粉煤灰中型实心砌块	0.06	0.05	0.04	0.03	—	—
	毛石	0.14	0.12	0.10	0.08	0.04	0.03
沿通缝截面破坏	烧结普通粘土砖、空心砖	0.18	0.15	0.12	0.09	0.06	0.04
	混凝土小型空心砌块	0.08	0.06	0.04	0.04	—	—
	混凝土中型空心砌块	0.06	0.05	0.04	0.03	—	—
	粉煤灰中型实心砌块	0.04	0.03	0.03	0.02	—	—
沿块体截面破坏	烧结普通砖	砖强度等级					
		MU30	MU25	MU20	MU15	MU10	MU7.5
		0.44	0.42	0.38	0.35	0.31	0.28

【例 9－1】　某砖柱高 $H=7\text{m}$，截面尺寸为 $490\text{mm}\times620\text{mm}$，采用 MU10 砖及 M2.5 的混合砂浆砌筑，柱计算高度 $H_0=H=7\text{m}$，柱顶承受轴心压力设计值为 211kN，试验算柱底截面的承载能力。（砖砌体的重力密度为 19kN/m³）

解：（1）求柱底截面的轴向力设计值：

$$N=211+1.2\times(0.49\times0.62\times7\times19)=259.5\ \text{kN}$$

（2）求 φ：

由 $\beta=H_0/h=7000/490=14.29$，　$e/h=0$，　查表 9－5(b) 得 $\varphi=0.71$

（3）求柱的承载力：查表 9－2，MU10 砖及 M2.5 混合砂浆对应的 $f=1.38\text{MPa}$，

$$A=0.49\times0.62=0.3038>0.3,\quad \gamma_a=1$$

$$\varphi fA=0.71\times1.38\times490\times620=297.7\text{kN}>259.5\ \text{kN},$$

该柱的承载力满足要求。

第三节　砌体高厚比验算

墙和柱的设计除了要满足承载力要求外，还要满足稳定性要求。验算墙、柱高厚比是保证墙、柱稳定性的一项重要构造措施。

一、房屋静力方案的确定

在混合结构中，纵横墙、屋盖、楼盖和基础等组成一空间受力体系，共同承担作用在房屋上的各种荷载。混合结构是以采用哪种静力计算方案来区分空间作用的大小。静力计算方案有三种：弹性方案、刚性方案和刚弹性方案，对整体式、装配整体式无檩体系钢筋混凝土屋盖或钢筋混凝土楼盖若横墙间距 $s < 32\mathrm{m}$，刚性方案；若 $32\mathrm{m} \leqslant s \leqslant 72\mathrm{m}$，刚弹性方案；若 $s > 72\mathrm{m}$，弹性方案。

二、墙、柱计算高度 H_0 的确定

受压构件墙柱的计算高度 H_0 可按表 9-7 取用，对于上端为自由端的构件，$H_0 = 2H$；独立砖柱，当无柱间支撑时，柱在垂直排架方向的 H_0 应按表中数值乘以 1.25 后采用。表中 s 为相邻横墙间的距离；H 为构件的实际高度；H_u 为变截面柱的上段高度；H_1 为变截面柱的下段高度。

表 9-7   **受压构件的计算高度 H_0**

房 屋 类 别			柱		带壁柱墙或周边拉结的墙		
			排架方向	垂直排架	$s > 2H$	$2H \geqslant s > H$	$s \leqslant H$
有吊车的单层房屋	变截面柱上段	弹性方案	$2.5H_u$	$1.25H_u$	$2.5H_u$		
		刚性、刚弹性方案	$2.0H_u$	$1.25H_u$	$2.0H_u$		
	变截面柱下段		$1.0H_1$	$0.8H_1$	$1.0H_1$		
无吊车的单层和多层房屋	单跨	弹性方案	$1.5H$	$1.0H$	$1.5H$		
		刚弹性方案	$1.2H$	$1.0H$	$1.2H$		
	两跨或两跨以上	弹性方案	$1.25H$	$1.0H$	$1.25H$		
		刚弹性方案	$1.1H$	$1.0H$	$1.1H$		
	刚性方案		$1.0H$	$1.0H$	$1.0H$	$0.4s + 0.2H$	$0.6s$

三、墙、柱高厚比验算

1. 矩形截面墙和柱高厚比验算

$$\beta = H_0 / h \leqslant \mu_1 \mu_2 [\beta] \tag{9-6}$$

式中 H_0——墙、柱计算高度，按表 9-7 采用；

        μ_1——非承重墙允许高厚比的修正系数，当 $h = 240\mathrm{mm}$ 时，为 1.2，当 $h = 90\mathrm{mm}$ 时，为 1.5；当 h 在 $90 \sim 240\mathrm{mm}$ 之间时内插；

        μ_2——有门窗洞口墙允许高厚比修正系数；$\mu_2 = 1 - 0.4 b_s / b$，b_s 为宽度 s（相邻窗间墙或壁柱之间的距离）范围内的门窗洞口宽度；s 为相邻窗间墙或壁柱之间的距离；$\mu_2 \leqslant 0.7$ 时取 0.7；当洞口高度等于或小于墙高的 $1/5$ 时，取 $\mu_2 = 1.0$；

        $[\beta]$——墙、柱允许高厚比，取值见表 9-8。

2. 带壁柱墙的高厚比验算

一般单层或多层房屋的纵墙往往都设有壁柱，带壁柱墙截面为 T 形截面。它的翼缘

宽度按两种规定采用：①多层房屋有门窗洞时取窗间墙宽度；无门窗洞口时取相邻壁柱间的距离；②单层房屋取 $b_f = b + 2/3H$（b 为壁柱宽，H 为墙高），但不大于窗间墙宽度和相邻壁柱间的距离。

表 9-8 墙、柱的允许高厚度比 $[\beta]$

砂浆强度等级	砖墙	空斗砖墙、中型砌块墙	毛石墙	砖柱	中型砌块柱	毛石柱
M0.4	16	14.4	12.8	12	10.8	9.6
M1	20	18	16	14	12.6	11.2
M2.5	22	19.8	17.6	15	13.5	12
M5	24	21.6	19.2	16	14.4	12.8
M7.5	26	23.4	20.8	17	15.3	13.6

注 1. 组合砖砌体的 $[\beta]$，可按表中数值提高 20%，但不得大于 28；
　　2. 验算砂浆尚未硬化的新砌体高厚比时，可按表中 M0.4 项数值降低 10%。

带壁柱墙高厚比验算，除了要验算整片墙的高厚比外，还要验算壁柱间墙的高厚比。

（1）整片墙的高厚比验算：

$$\beta = H_0/h_T \leqslant \mu_1 \mu_2 [\beta] \tag{9-7}$$

式中　h_T——带壁柱墙截面（T 形截面）的折算高度，$h_T = 3.5\sqrt{I/A}$，I、A 分别为带壁柱墙截面的惯性矩和面积。

（2）壁柱间墙的高厚比验算。壁柱间墙的高厚比验算与矩形截面墙相同，只是在计算 H_0 时，墙长 s 取壁柱之间的距离，并且不论带壁柱墙的静力计算采用何种方案，一律按刚性方案考虑。

本 章 小 结

1. 砌体结构同混凝土结构一样，也是按概率极限状态设计法进行设计的，即要满足承载能力极限状态和正常使用极限状态的要求。正常使用极限状态的要求一般可由构造措施（控制砌体的高厚比）来予以保证。

2. 砌体受压承载力计算是本章的重点内容，高厚比验算是砌体结构的一项重要的构造措施。

习 题

1. 一承受轴心压力的砖柱，截面尺寸为 370mm×490mm，采用 MU7.5 砖、M0.4 混合砂浆砌筑，荷载设计值在柱顶产生的轴心力为 70kN，柱高 H 为 3.5m。设柱的两端为不动铰支座（计算高度 $H_0 = 3.5m$），试验算该柱的承载能力。

2. 承受偏心力（沿长边方向）作用的砖柱，截面尺寸为矩形，$b \times h = 490mm \times 740mm$，采用 MU10 砖、M5 混合砂浆砌筑，柱的计算高度 $H_0 = 6m$，试验算下列情况下该柱的承载能力。（1）$e = 90mm$，$N = 370kN$；（2）$e = 200mm$，$N = 230kN$；（3）$e =$

360mm，$N=20$kN。

3. 已知一矩形截面偏心受压砖柱，截面尺寸 $b \times h = 490$mm$\times 620$mm，柱的计算高度 $H_0 = 5$m，承受轴向力标准值 $N_k = 125$kN（其中恒载 60%，活载 40%）和弯矩标准值 $M_k = 13.55$kN·m（弯矩沿长边方向），采用 MU7.5 砖、M2.5 混合砂浆砌筑，试验算该柱的承载能力。

4. 某支承渡槽的石墩，截面尺寸 $b \times h = 2500$mm$\times 2000$mm（弯矩作用方向），采用 MU40 粗料石、M10 混合砂浆砌筑，石墩承受轴向力设计值 $N = 8320$kN（$N_k = 6400$kN），弯矩设计值 $M = 2770$kN·m（$M_k = 2308$kN·m），石墩计算高度 $H_0 = 8$m，验算石墩是否安全。

第十章 钢 结 构 简 介

钢结构是用型钢或钢板制成的基本构件，根据使用要求连接而成的承载结构。本章简略介绍结构钢主要机械性能，钢结构连接方式，平面钢闸门门叶结构。

第一节 钢结构的材料与计算方法

一、结构钢品种与钢号

水工钢结构所采用的钢材主要是碳素结构钢和低合金结构钢。

水工钢闸门所用钢材按表 10-1 选用。

表 10-1 闸门及埋件采用的钢号

项次	使 用 条 件		计 算 温 度	钢 号	
1	闸门部分	大型工程的工作闸门，大型工程的重要事故闸门。局部开启的工作闸门	— 20℃ 0℃ −20℃	Q235A Q235B Q235C Q235D	16Mn、16Mnq
2		中、小型工程不作局部开启的工作闸门，其他事故闸门	等于或低于−20℃	Q235A、Q235B、Q235C、 Q235D，16Mn、16Mnq	
3			高于−20°	Q235AF　16Mn	
4		各类检修闸门、拦污栅	高于−30℃	Q235AF　16Mn	
5	埋件部分	主要受力埋件	—	Q235AF	
6		按构造要求选择的埋件	—	Q195	

注 1. 当有可靠根据时，可采用其他钢号。对无证明书的钢材，经试验证明其化学成分和机械性能符合相应标准所列钢号的要求时，可酌情使用。
2. 低温地区的焊接结构采用沸腾钢时，板厚不宜过大。
3. 非焊接结构的钢号，可参照表 10-1 选用。
4. 计算温度应按现行《采暖通风和空气调节设计规范》中规定的冬季空气调节室外计算温度确定。
5. SL74—95《规范》中所谓大型工程，指一、二等工程；中型工程指三等工程；小型工程指四、五等工程。

1. 碳素结构钢

碳素结构钢的钢号根据钢材屈服强度进行编号，由四部分组成：第一部分是字母 Q，是屈服点汉语拼音的第一个字母；第二部分是数字，代表钢材屈服强度的大小，如 195、215、235、255、275，单位 N/mm²；第三部分是字母，表示钢材质量等级，分 A、B、C、D 四级（A 级钢保证屈服点、抗拉强度、伸长率、冷弯试验符合国标规定，不做冲击实验；B 级钢做常温冲击实验；C 级钢做 0℃冲击实验；D 级钢做负温冲击实验）；第四部分是字母，表示钢材冶炼过程中的脱氧程度，F 代表沸腾钢，b 代表半镇静钢，镇静钢字母 Z 省略。

2. 低合金结构钢

低合金结构钢是碳素结构钢中加入少量锰、钛、硅等合金元素冶炼而成。钢号由两位数字和字母组成，数字表示钢材平均含碳量的万分数，字母表示加入的合金元素，依主次列出，如 16Mn，其平均含碳量为万分之十六，主要合金元素为锰。

16Mnq 是承受动力荷载的桥梁专用钢材。在冶炼过程中用铝补充脱氧，使其结晶颗粒细而紧密，含硫、磷等有害杂质少，焊接性能和低温冲击韧性都比 16Mn 好。

二、结构钢的主要机械性能

（1）结构钢材强度指标有屈服强度 f_y 和抗拉极限强度 f_u。屈服强度 f_y 是衡量结构承载力和确定容许应力的重要指标，抗拉极限强度可以衡量钢材强度储备。

（2）塑性用伸长率反映塑性好坏，也可以通过冷弯试验检验。

（3）韧性采用冲击韧性 α_k 间接衡量钢材在动力荷载和低温条件下的工作性能。冲击韧性指标用带缺口的试件做冲击试验测得。见表 10-2。

表 10-2　　　　　　　钢材的机械性能

钢号	钢材厚度或直径 (mm)	拉　伸　试　验			180°冷弯试验 $b=2a$		冲击韧性		
		屈服点 f_y (N/mm²)	抗拉强度 f_u (N/mm²)	伸长率 δ_5 （%）	纵向	横向	等级	温度 （°C）	V形冲击功(J) （纵向）
				不小于					不小于
Q235	≤16	235		26	$d=a$	$d=1.5a$	A	—	—
	16～40	225	375	25	$d=a$	$d=1.5a$	B	20	27
	40～60	215	～	24	$d=a$	$d=1.5a$			
	60～100	205	460	23	$d=2a$	$d=2.5a$	C	0	27
	100～150	195		22	$d=2.5a$	$d=3a$	D	-20	27
	＞150	185		21	$d=2.5a$	$d=3a$			
16Mn	≤16	345	510～660	22	$d=3a$				
	16～25	325	490～610	21	$d=3a$				
	25～36	315	470～620	21	$d=3a$		20		27
	36～50	295	470～620	21	$d=3a$				
	50～100	275	470～620	20	$d=3a$				
15MnV	≤4	410	550～700	19	$d=2a$				
	4～16	390	530～680	18	$d=3a$				
	16～25	375	510～660	18	$d=3a$		20		27
	25～36	355	490～640	18	$d=3a$				
	36～50	335	490～640	18	$d=3a$				
16Mnq	≤16	345	≥510	21	$d=2a$				
	17～25	325	≥490	19	$d=3a$		20		27
	26～36	305	≥470	19	$d=3a$				
15MnVq	≤16	390	≥530	18	$d=2a$				
	17～25	370	≥510	17	$d=3a$		20		27
	26～36	355	≥490	17	$d=3a$				

注　1. 冷弯试验中，b 为试样宽度，a 为钢材厚度（直径），d 为弯心直径。
　　2. Q235A 级钢的冷弯试验，在需方有要求时才进行。当冷弯合格时，抗拉强度上限可以不作为交货条件。
　　3. 用沸腾钢轧制的 Q235B 级钢材，其厚度（直径）一般不大于 25mm。
　　4. 进行拉伸和弯曲试验时，钢板和钢带应取横向试样，伸长率允许降低 1%（绝对值）。型钢应取纵向试样。
　　5. 16Mn 钢、15MnV 钢 20°C 冲击试验在需方有要求并在合同中注明时才进行，若需方要求，还可进行 0°C、-20°C 或 -40°C 夏比（V形缺口）冲击试验（冲击功不小于 27J）。

SL74—95《水利水电工程钢闸门设计规范》规定：

闸门承重结构的钢材，应保证其抗拉强度、屈服点、伸长率和硫、磷的含量合乎要求，对焊接结构尚应保证碳的含量合乎要求。

主要受力结构和弯曲成形部分钢材应具有冷弯试验的合格保证。

承受动载的焊接结构，应具有相应在计算温度冲击试验的合格保证。对于承受动载的非焊接结构，必要时，其钢材也应具有冲击试验的合格保证。

三、钢材的规格

钢结构所用钢材主要是热轧成型的钢板，型钢和无缝钢管。钢板分厚钢板（厚4.5～60mm），薄钢板（0.2～0.4mm）和扁钢三种。型钢包括角钢、槽钢、工字钢。

热轧钢材根据厚薄分为六组，如表10-3所示。

表 10-3   钢 材 的 尺 寸 分 组

组别	钢 材 尺 寸 （mm）		
	Q215、Q235		16Mn、16Mnq
	钢材厚度（直径）	型钢和异型钢的厚度	钢材厚度（直径）
第1组	≤16	≤15	≤16
第2组	>16～40	>15～20	>16～25
第3组	>40～60	>20	>25～36
第4组	>60～100		>36～50
第5组	>100～150		>50～100 方、圆钢
第6组	>150		

注　1. 型钢包括角钢、工字钢和槽钢。
　　2. 工字钢和槽钢的厚度系指腹板厚度。

钢材愈薄，轧制次数愈多，内部组织愈均匀，强度也愈高。选用薄钢材可以节省钢材用量。钢材的容许应力见表10-4。

表 10-4   钢材的容许应力 （MPa）

应力种类	符号	碳 素 结 构 钢												低合金结构钢				
		Q215						Q235						16Mn、16Mnq				
		第1组	第2组	第3组	第4组	第5组	第6组	第1组	第2组	第3组	第4组	第5组	第6组	第1组	第2组	第3组	第4组	第5组
抗拉、抗压和抗弯	$[\sigma]$	145	135	125	120	115	110	160	150	145	135	130	125	230	220	205	190	180
抗剪	$[\tau]$	90	80	70	65	60	55	95	90	85	80	75	70	135	130	120	110	105
局部承压	$[\sigma_{cd}]$	220	200	190	180	170	160	240	230	220	210	200	190	350	330	310	290	270
局部紧接承压	$[\sigma_{cj}]$	110	100	95	90	85	80	120	115	110	105	100	95	175	165	155	145	135

注　1. 局部承压应力不乘调整系数。
　　2. 局部承压是指构件腹板的小部分表面受局部荷载的挤压或端面承压（磨平顶紧）等情况。
　　3. 局部紧接承压是指可动性小的铰在接触面上的投影平面上的压应力。

四、钢结构计算方法

水工钢结构承受的荷载涉及水文、泥砂、波浪，由于统计资料不足，目前还不具备采用概率极限状态法计算的条件。

SL74—95《水利水电工程钢闸门设计规范》仍采用容许应力计算法，以结构的极限状态为依据，进行多系数分析，求出单一的设计安全系数，以简单的容许应力形式表达，其强度计算的一般表达式为

$$\sigma = \frac{\sum N_i}{S} \leqslant [\sigma] \tag{10-1}$$

式中　N_i——用荷载标准值代入力学公式求出的内力

　　　S——构件的几何特性

　　　$[\sigma]$——钢材的容许应力，N/mm^2

水工建筑物水上部分钢结构可以按 GBJ17—88《钢结构设计规范》进行设计。GBJ17—88《钢结构设计规范》采用以概率极限状态设计法，以分项系数的表达式进行计算。承载力计算时，荷载、材料强度均用设计值。

第二节　钢结构的连接

钢结构的连接方法主要有焊接、螺栓连接，如图 10-1 所示。

焊接是钢结构主要连接方法，它不削弱截面（不钻孔），构造简单、节省钢材、密封性好，缺点是易使焊件产生焊接残余应力以及残余变形，严重时可能造成裂纹，导致脆性破坏。

螺栓连接是先在连接件上钻孔，然后装入预制的螺栓，拧紧螺母即成。安装操作简便，便于拆卸，用于需经常装拆的结构以及临时固定连接中。

一、焊接

焊接按工艺特点分电弧焊、接触焊、气焊。钢结构主要采用电弧焊。电弧焊是采用低电压

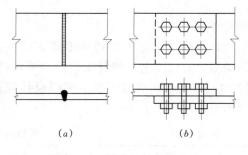

图 10-1　钢结构的连接方法
(a) 焊接连接；(b) 螺栓连接

（一般为 50～70V），大电流引燃电弧，使焊条和焊件之间产生很高的热量和强烈的弧光，利用电弧热来熔化焊件的接头和焊条进行焊接。电弧焊又分手工电弧焊、自动焊、半自动焊。钢结构连接常用手工电弧焊，图 10-2 是手工电弧焊示意图。

焊条型号应与焊件钢材强度相适应，焊件是 Q215、Q235，用 E43 型焊条；焊件是 16Mn、16Mnq，用 E50 型焊条。

焊接分三种：对接、搭接、顶接。焊缝按构造分为对接焊缝和角焊缝如图 10-3 所示。

对接焊缝主要用于板件、型钢的拼接或构件的连接。由于对接焊缝传力平顺，对于承受静荷载、动荷载的构件连接都适用。但对接焊缝对焊接工艺要求比较严格。

角焊缝用于不在同一平面上的焊件搭接或顶接，角焊缝施焊比较方便。

受力方向与作用力方向平行的角焊缝称侧焊缝，受力方向与作用力方向垂直的角焊缝称端焊缝，如图 10-4 所示。

两边夹角为直角的角焊缝称直角角焊缝，如图 10-5 所示。角焊缝直角边的边长叫焊

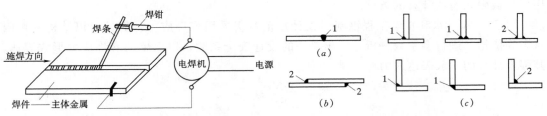

图 10-2 手工电弧焊示意图

图 10-3 焊接连接形式和焊缝类型

(a) 对接；(b) 搭接；(c) 顶接

1—对接焊缝；2—角焊缝

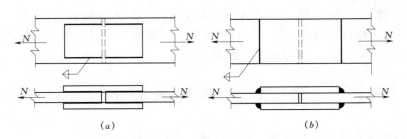

图 10-4 侧焊缝与端焊缝

脚尺寸 h_f。

焊缝的容许应力与焊缝形式、焊件材质、电焊条型号，焊接工艺及焊缝质量检验手段等因素有关。SL74—95《水利水电工程钢闸门设计规范》规定焊缝的容许应力见表 10-5。

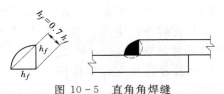

图 10-5 直角角焊缝

表 10-5 焊缝的容许应力（MPa）

焊缝分类	应 力 种 类		符号	自动焊、半自动焊和用 E43×× 型焊条的手工焊，当钢号为						自动焊、半自动焊和用 E50×× 型焊条的手工焊，当钢号为			
				Q215			Q235			16Mn、16Mnq			
				第1组	第2组	第3组	第1组	第2组	第3组	第1组	第2组	第3组	第4组
对接焊缝	抗 压		$[\sigma_c^h]$	145	130	125	160	150	145	230	220	205	190
	抗拉	1. 当用自动焊时	$[\sigma_l^h]$	145	130	125	160	150	145	230	220	205	190
		2. 当用半自动焊或手工焊时，焊缝质量的检查方法 (1)精确方法	$[\sigma_l^h]$	145	130	125	160	150	145	230	220	205	190
		(2)普通方法	$[\sigma_l^h]$	125	110	105	135	120	115	200	190	175	165
	抗 剪		$[\tau^h]$	85	75	70	95	90	85	135	130	120	110
贴角焊缝	抗拉、抗压和抗剪		$[\sigma_t^h]$	105	95	90	115	100	100	160	150	140	130

注 1. 检查焊缝质量的普通方法系指外观检查、测量尺寸、钻孔检查等方法；精确方法是在普通方法的基础上，用 X 射线、超声波等方法进行补充检查。

2. 仰焊焊缝的容许应力按上表降低 20%。

3. 安装焊缝的容许应力按上表降低 10%。

二、螺栓连接

螺栓分普通螺栓和高强螺栓。普通螺栓通常用 Q235AF 钢制成，按加工精度不同可分为粗制螺栓和精制螺栓两种。粗制螺栓由圆钢锻压而成，其尺寸不十分准确，为简化安装，加工连接板上螺孔的直径比螺栓的名义直径大 1~3mm。因此，粗制螺栓的受剪性能较差，多用于受拉连接或剪力不大的受剪连接。精制螺栓是由车床加工而成，其尺寸精确。在加工连接板的螺孔时，其尺寸余量小。因此，精制螺栓的抗剪性能好，一般用于剪力较大的受剪连接。

螺栓的代号用字母 M 与公称直径的毫米数表示。常用标准螺栓是 M16、M18、M20、M22、M27。

螺栓的排列有并列和交错两种，如图 10-6 所示。螺栓端距、边距、中距（栓距）均应符合规定，图中 d_0 为螺栓直径。

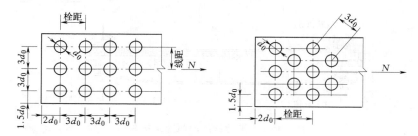

图 10-6　螺栓的排列间距

第三节　平面钢闸门

闸门是用来关闭、开启或局部开启水工建筑物中过水孔口的活动结构，其主要作用是控制水位、调节流量。闸门按工作性质可分为工作闸门、事故闸门和检修闸门；按闸孔口的位置分为露顶闸门和潜孔闸门；按闸门结构形式分为平面闸门、弧形闸门和人字形闸门。下面简要介绍平面钢闸门门叶结构。

一、门叶结构组成

平面钢闸门门叶结构由面板、梁格、空间联结系、行走支承、吊耳、止水六部分组成，如图 10-7、图 10-8 所示。

（1）面板。面板的功能是挡水，并将水压力传给梁格。面板通常布置在闸门的上游面，这种布置可以避免梁格和行走支承浸在水中，也可以减少因门底过水而产生的振动。在静水中启闭的检修门或启闭闸门时门底流速较小的闸门，为了设置止水的方便，面板可设在闸门的下游面。

（2）梁格。梁格用来支承面板，以减

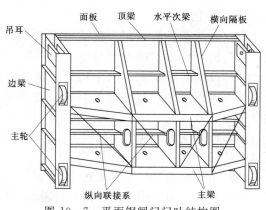

图 10-7　平面钢闸门门叶结构图

少面板跨度而不致使面板过厚。梁格一般包括主梁、次梁（包括水平次梁、竖直次梁、顶梁和底梁）和边梁，共同支承着面板传来的水压力。

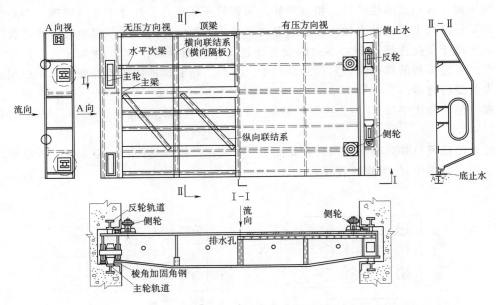

图 10-8 平面钢闸门门叶结构总图

（3）空间联结系。由于叶结构是一个竖放的梁板结构。既有水平荷载（水压力），又有竖向荷载（门叶自重）。要使梁格的每根梁都处在所承担的外力作用平面内，就必须用联结系来保证整个梁格在闸门空间的相对位置。联结系能增强门叶结构在横向竖平面和纵向竖平面（图 10-9）的刚度。

横向联结系位于横向竖平面内，其形式一般为实腹隔板式（图 10-7），也有桁架式。横向联结系用来支承顶梁、底梁和水平次梁，并将所承受的力传给主梁，同时，横向联结系保证门叶结构在横向竖平面内的刚度，不致使门顶和门底产生过大的变形。

纵向联结系一般采用桁架式或刚架式。桁架式结构的杆件由主梁的下翼缘、实腹隔板下翼缘和另设的斜杆组成。这个桁架支承在边梁

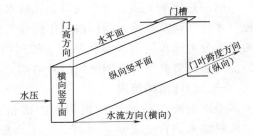

图 10-9 平面闸门的坐标示意图

上，其主要作用是承受门叶自重及其他竖向荷载，并配合横向联结系保证门叶结构的刚度。

（4）行走支承。闸门所受的水压力通过行走支承传递给门槽埋件，并保证门叶结构上下移动的灵活性。

（5）吊耳。用来与吊具相连。

（6）止水。为了防止闸门挡水时漏水，门叶结构与孔口周边接触的缝隙里常需要设置止水（也称水封）。最常用的止水是固定在门叶结构上的定型橡皮止水。

二、主梁布置与梁格布置

1. 主梁布置

主梁是闸门的主要受力构件，主梁根数主要取决于闸门尺寸。当闸门的跨度 L 小于门高 H 时，主梁一般多于两根，称多主梁式；当闸门跨度较大，而门高较小时（如 $L \geqslant 1.5H$），主梁一般为两根，称双主梁式。

主梁沿闸门高度的位置，一般是根据每个主梁承受相等水压力的原则来确定，这样每根主梁所需的截面尺寸相同，便于加工制造。

双主梁式闸门，主梁位置对称于水压力合力 P，如图 10-10 所示。

两根主梁的间距 b 应适当大些。使闸门上悬臂 c 不致太长，通常要求 $c \leqslant 0.45H$，且不宜大于 3.6m，以保证门叶上悬臂部分有足够的刚度。对于实腹式主梁的工作闸门和事故闸门，下梁到门底的距离 a 应符合图 10-11 所示底缘布置要求。

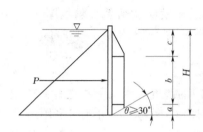

图 10-10　双主梁平面闸门的主梁布置

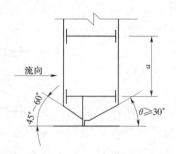

图 10-11　闸门底缘的布置要求

2. 梁格布置

梁格布置有三种类型，如图 10-12 所示

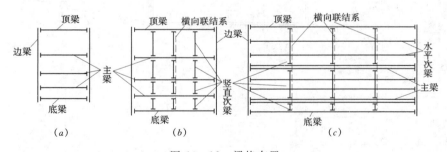

图 10-12　梁格布置
(a) 简式；(b) 普通式；(c) 复式

（1）简式（纯主梁式）。不设次梁，面板直接支承在多根主梁上，适用于跨度较小而门高较大的闸门。

（2）普通式。适用于中等跨度的闸门。

（3）复式。适用于露顶式大跨度闸门。

布置梁格，竖直次梁的间距一般为 1~2m。当主梁为桁架时，竖直次梁的间距应与桁架节间相配合。水平次梁的间距一般为 0.4~1.2m，根据水压力的变化布置成上疏下密。

平面钢闸门梁格的连接形式多采用齐平连接，如图 10-13 所示。

水平次梁，竖直次梁、主梁的上翼缘表面齐平于面板且与面板直接相连。由于面板四边支承，其受力条件好，并且面板作为梁截面的一部分，共同受力可以减少梁格的用钢量。

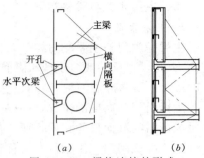

图 10-13　梁格连接的形式

三、门叶结构构造

1. 面板

由于作用在面板上的水压强度是随水深增大而增大，各区格面板受力各不相同。梁格布置方案拟定后，计算各个区格面板厚度。如果各区格板厚相差较大，应适当调整梁格布置，使各区格所需面板厚大致相等。面板厚度一般为 8～16mm。

2. 次梁

水平次梁、顶梁、底梁一般采用角钢和槽钢。与面板连接时肢尖朝下。

竖直次梁采用实腹隔板或工字钢实腹隔板可兼作横向联结系，隔板厚 8～10mm，隔板不设上翼缘，直接利用闸门面板作上翼缘，下翼缘一般用宽 100～200mm、厚 10～12mm 的扁钢做成。

3. 主梁

主梁是平面闸门中的主要受力构件，根据闸门的跨度和水头大小选择主梁型式。对于小跨度低水头闸门，可采用型钢梁；对于中等跨度（5～10m）的闸门采用组合梁，为缩小门槽宽度和节约钢材，常采用变高度的主梁，如图 10-14 所示；对于大跨度的露顶闸门，主梁可采用桁架形式，如图 10-15 所示。

图 10-14　变高度主梁

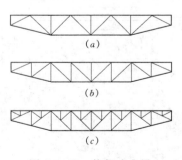

图 10-15　桁架式主梁

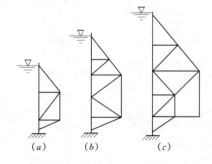

图 10-16　桁架式横向联结系

4. 横向联结系与纵向联结系

横向联结系可布置在每根竖直次梁所在的竖平面内，或每隔一根竖直次梁布置一个。横向联结系的数目宜取单数，其间距一般不大于 4m。横向联结系的形式有实腹隔板（兼竖直次梁）和桁架式（图10-16）两种。桁架式横向联结系适用于主梁截面高度和间距较大的双主梁闸门。

纵向联结系多为桁架式。上下主梁的下翼缘作弦杆，实腹隔板的下翼缘或桁架式横向联结系的下弦作竖杆，另设斜杆。

5. 边梁

边梁主要用来支承主梁和边跨的顶梁、底梁、水平次梁以及纵向联结系，边梁上设置行走支承和吊耳，由此可见，边梁是平面钢闸门中重要的受力构件。边梁的截面形式有单腹式和双腹式，如图10-17所示。单腹式边梁主要适用于滑道式支承的闸门。双腹式边梁广泛用于滚轮支承的闸门。

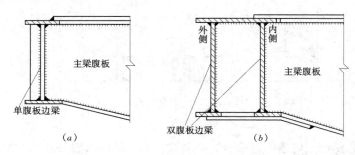

图10-17　边梁的截面形式及连接构造

(a) 单腹板工字形截面；(b) 双腹板箱形截面

6. 行走支承

闸门行走支承有滑道式和滚轮式两种。滑道式支承因结构简单而被广泛采用，压合胶木滑道是最常用的一种，如图10-18所示。滚轮式支承的轮子应按等荷载布置，在闸门每个边梁上最好有两个支点。

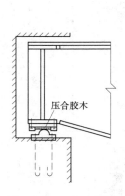

图10-18　胶木滑道

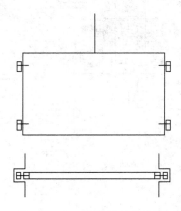

图10-19　悬臂轮行走支撑

对于小跨度和低水头闸门，常采用悬臂轮，如图10-19所示。其优点是轮子安装和检修方便，所需门槽尺寸也小。缺点是悬臂轴增大了外侧腹板的支承压力并使边梁受扭。对于大跨度高水头闸门、宜采用简支式滚轮（图10-7）此时边梁必须采用双腹式。

为了保证闸门升降灵活，避免闸门在闸槽内前后，左右倾斜碰撞或卡门，同时为了减

137

少门底过水时的振动，闸门门叶上需设置反轮（反向滑块）和侧轮（侧向滑块）作为导向装置（图 10-8）。

7. 吊耳

吊耳是连接闸门与启闭机的部件。闸门分单吊点和双吊点，单吊点闸门的吊耳常布置在跨中竖向隔板的腹板上；双吊点闸门的吊耳则布置在边梁腹板上。吊耳构造如图 10-20 所示。

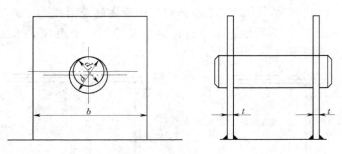

图 10-20　吊耳的构造

8. 止水

设止水是防止闸门与门槽接触带的缝隙漏水。露顶闸门布置侧止水和底止水；潜孔闸门除侧止水、底止水外，还布置顶止水。止水材料主要是橡皮。底止水为条形橡皮，侧止水和顶止水为 P 型橡皮，如图 10-21 所示。它们用垫板与压板夹紧，再用螺栓固定在门叶上。

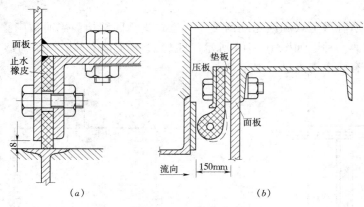

图 10-21　橡皮止水
(a) 条形底止水；(b) P 型侧、顶止水

本 章 小 结

1. 结构钢的机械性能主要指标包括屈服强度、抗拉强度、伸长率、冷弯性能和冲击韧性五项。

2. SL74—95《水利水电工程钢闸门设计规范》采用的是容许应力法；水工建筑物水上部分钢结构可以按 GBJ17—88《钢结构设计规范》进行设计。GBJ17—88《钢结构设计规范》采用概率极限状态设计法。

3. 钢结构连接方法主要是焊接和螺栓连接。焊缝按构造分对接焊缝和角焊缝。

4. 平面钢闸门门叶结构由面板、梁格、空间联结系、行走支承、吊耳、止水六部分组成。

习　　题

1. 解释钢号 Q235A 和 16Mn 的含义。

2. 钢材的主要机械性能主要指标有哪几项？并逐项说明其意义。

3. 为什么尽量选用薄钢材？

4. 电弧焊连接如何选择电焊条？

5. 横向联结系和纵向联结系起什么作用？

6. 闸门为什么要设反轮和侧轮？

附　　　录

附录一　材料强度的标准值、设计值及材料弹性模量

一、混凝土的强度标准值、设计值和弹性模量

构件设计时，混凝土强度标准值、设计值及弹性模量应分别按表 1、表 2、表 3 采用。

表 1　　　　　　　　　　　　混凝土强度标准值（N/mm²）

强度种类	符号	混　凝　土　强　度　等　级										
		C10	C15	C20	C25	C30	C35	C40	C45	C50	C55	C60
轴心抗压	f_{ck}	6.7	10.0	13.5	17.0	20.0	23.5	27.0	29.5	32.0	34.0	36.0
轴心抗拉	f_{tk}	0.90	1.20	1.50	1.75	2.00	2.25	2.45	2.60	2.75	2.85	2.95

表 2　　　　　　　　　　　　混凝土强度设计值（N/mm²）

强度种类	符号	混　凝　土　强　度　等　级										
		C10	C15	C20	C25	C30	C35	C40	C45	C50	C55	C60
轴心抗压	f_c	5.0	7.5	10.0	12.5	15.0	17.5	19.5	21.5	23.5	25.0	26.5
轴心抗拉	f_t	0.65	0.90	1.10	1.30	1.50	1.65	1.80	1.90	2.00	2.10	2.20

注　计算现浇的钢筋混凝土柱时，如截面的长边或直径小于 300mm，则表中强度设计值应乘以系数 0.8。

表 3　　　　　　　　　　　　混凝土弹性模量 E_c（N/mm²）

混凝土强度等级	弹性模量	混凝土强度等级	弹性模量	混凝土强度等级	弹性模量	混凝土强度等级	弹性模量
C10	1.75×10^4	C25	2.80×10^4	C40	3.25×10^4	C55	3.55×10^4
C15	2.20×10^4	C30	3.00×10^4	C45	3.35×10^4	C60	3.60×10^4
C20	2.55×10^4	C35	3.15×10^4	C50	3.45×10^4		

二、钢筋强度标准值、设计值及弹性模量

构件设计时，钢筋抗拉抗压强度标准值、设计值及弹性模量应分别按表 4、表 5、表 6、表 7、表 8 取用。

表 4　　　　　　　　　　　　钢筋强度标准值（N/mm²）

种　类		f_{yk} 或 f_{pyk} 或 f_{stk} 或 f_{ptk}
热轧钢筋	Ⅰ级（Q235）	235
	Ⅱ级（20MnSi、20MnNb（b））	335
	Ⅲ级（20MnSiV、20MnTi、K20MnSi）	400
	Ⅳ级（40Si2MnV、45SiMnV、45Si2MnTi）	540

140

种　类		f_{yk} 或 f_{pyk} 或 f_{stk} 或 f_{ptk}
冷拉钢筋	Ⅰ级（$d \leqslant 12$）	280
	Ⅱ级（$d \leqslant 25$） （$d = 28 \sim 40$）	450 430
	Ⅲ级	500
	Ⅳ级	700
冷轧带肋钢筋	LL550（$d = 4 \sim 12$）	550
	LL650（$d = 4 \sim 6$）	650
	LL800（$d = 5$）	800
热处理钢筋	40Si2Mn（$d = 6$） 48Si2Mn（$d = 8.2$） 40Si2Cr（$d = 10$）	1470

注　Ⅲ级 K20MnSi 钢筋系余热处理钢筋。

表 5　　　　　　　　　　钢丝、钢铰线强度标准值（N/mm²）

种　类			f_{ptk}
碳素钢丝	$\phi 4$、$\phi 5$		1470、1570、1670、1770
	$\phi 6$		1570、1670
	$\phi 7$、$\phi 8$、$\phi 9$		1470、1570
刻痕钢丝	$\phi 5$、$\phi 7$		1470、1570
钢绞线	二股	（$2\phi 5$）　$d = 10$ （$2\phi 6$）　$d = 12$	1720
	三股	（$3\phi 5$）　$d = 10.8$ （$3\phi 6$）　$d = 12.9$	1720
	七股	（$7\phi 3$）　$d = 9.0$	1670、1770
		（$7\phi 4$）　$d = 12.0$	1570、1670
		（$7\phi 5$）　$d = 15.0$	1470、1570
		$d = 9.5$	1860
		$d = 11.1$	1860
		$d = 12.7$	1860
		$d = 15.2$	1720、1820、1860

注　1. 碳素钢丝和刻痕钢丝系指国家标准 GB5223—95《预应力混凝土用钢丝》中的消除应力的高强度圆形钢丝。
　　2. 钢绞线直径 d 系指钢绞线截面的外接圆直径，即公称直径。
　　3. 根据国家标准，同一规格的钢丝（钢绞线）有不同的强度级别，因此表中对同一规格的钢丝（钢绞线）列出
　　　了相应的 f_{ptk} 值，在设计中可自行选定。

表 6　　　　　　　　　　钢筋强度设计值（N/mm²）

种　类		符号	f_y 或 f_{py}	f'_y 或 f'_{py}
热轧钢筋	Ⅰ级（Q235）	ϕ	210	210
	Ⅱ级（20MnSi、20MnNb（b））	Φ	310	310
	Ⅲ级（20MnSiV、20MnTi、K20MnSi）	Φ	360	360
	Ⅳ级（40Si2MnV、45SiMnV、45Si2MnTi）	Φ	500	400

种 类		符号	f_y 或 f_{py}	f'_y 或 f'_{py}
冷拉钢筋	Ⅰ级 ($d \leqslant 12$)	Φ^l	250	210
	Ⅱ级 ($d \leqslant 25$) ($d=28 \sim 40$)	$\underline{\Phi}^l$	380 360	310 310
	Ⅲ级	$\underline{\Phi}^l$	420	360
	Ⅳ级	Φ^l	580	400
冷轧带肋 钢筋	LL550 ($d=4 \sim 12$)	Φ^R	360	360
	LL650 ($d=4 \sim 6$)		430	380
	LL800 ($d=5$)		530	380
热处理 钢筋	40Si2Mn ($d=6$) 48Si2Mn ($d=8.2$) 40Si2Cr ($d=10$)	Φ^t	1000	400

注 1. 在钢筋混凝土结构中，轴心受拉和小偏心受拉构件的钢筋抗拉强度设计值大于 310N/mm² 时，仍应按 310N/mm² 取用；其他构件的钢筋抗拉强度设计值大于 360N/mm² 时，仍按 360N/mm² 取用；对于直径大于 12mm 的 Ⅰ 级钢筋，如经冷拉，不得利用冷拉后的强度。
2. 成盘供应的 LL550 级冷轧带肋钢筋经机械调直后，抗拉及抗压强度设计值应降低 20N/mm²

表 7　　　　　　　　　**钢丝、钢绞线强度设计值（N/mm²）**

种 类			符号	f_{py}	f'_{py}
碳素钢丝	$\phi 4 \sim \phi 9$	$f_{ptk}=1770$	Φ^s	1200	400
		$f_{ptk}=1670$		1130	
		$f_{ptk}=1570$		1070	
		$f_{ptk}=1470$		1000	
刻痕钢丝	$\phi 5$、$\phi 7$	$f_{ptk}=1570$	Φ^k	1070	360
		$f_{ptk}=1470$		1000	
钢绞线	二股	$f_{ptk}=1720$	Φ^f	1170	360
	三股	$f_{ptk}=1720$		1170	360
	七股	$f_{ptk}=1860$		1260	360
		$f_{ptk}=1770$		1210	
		$f_{ptk}=1720$		1170	
		$f_{ptk}=1670$		1130	
		$f_{ptk}=1570$		1070	
		$f_{ptk}=1470$		1000	

注 当碳素钢丝、刻痕钢丝、钢绞线的强度标准值不符合表 5 的规定时，其强度设计值应进行换算。

表 8　　　　　　　　　**钢筋弹性模量（N/mm²）**

种 类	E_s
Ⅰ级钢筋、冷拉 Ⅰ 级钢筋	2.1×10^5
Ⅱ级钢筋、Ⅲ级钢筋、Ⅳ级钢筋、热处理钢筋、碳素钢丝、冷拔低碳钢丝	2.0×10^5
冷轧带肋钢筋	1.9×10^5
冷拉 Ⅱ 级钢筋、冷拉 Ⅲ 级钢筋、冷拉 Ⅳ 级钢筋、刻痕钢丝、钢绞线	1.8×10^5

附录二 钢筋的计算截面面积及公称质量表

表 1 钢筋的计算截面面积及公称质量表

直径(mm)	一根 A_s	二根 A_s	三根 A_s	三根 b	四根 A_s	四根 b	五根 A_s	五根 b	六根 A_s	六根 b	七根 A_s	八根 A_s	九根 A_s	单根钢筋公称质量(kg/m)
3	7.1	14.1	21.2		28.3		35.3		42.4		49.5	56.5	63.6	0.055
4	12.6	25.1	37.7		50.3		62.8		75.4		88.0	100.5	113.1	0.099
5	19.6	39	59		79		98		118		137	157	177	0.154
6	28.3	57	85		113		141		170		198	226	254	0.222
6.5	33.2	66	100		133		166		199		232	265	299	0.260
8	50.3	101	151		201		251		302		352	402	452	0.395
8.2	52.8	106	158		211		264		317		370	422	475	0.432
10	78.5	157	236		314		393		471		550	628	707	0.617
12	113.1	226	339	150	452	200	565	250	679		792	904	1018	0.888
14	153.9	308	462	180	616	200	770	250	924	300	1078	1232	1385	1.210
16	201.1	402	603	180	804	220	1005	250	1206	300	1407	1608	1810	1.580
18	254.5	509	763	180	1018	220	1272	300	1527	350	1781	2036	2290	2.000
20	314.2	628	942	180	1257	220	1571	300	1885	350	2199	2513	2827	2.470
22	380.1	760	1140	200/180	1521	250	1901	300	2281	350	2661	3041	3421	2.980
25	490.9	982	1473	200	1964	300/250	2454	350/300	2945	400/350	3436	3927	4418	3.850
28	615.8	1232	1847	220/200	2463	300	3079	400/350	3695	450/400	4310	4926	5542	4.830
32	804.2	1608	2413	250/220	3217	350/300	4021	450/350	4826	500/450	5630	6434	7238	6.310
36	1017.9	2036	3054		4072		5089		6107		7125	8143	9161	7.990
40	1256.6	2513	3770		5027		6283		7540		8796	10053	11310	9.870

注 表中 b 行中斜线上为梁上面钢筋排成一行时的最小梁宽；斜线下为梁下面钢筋排成一行时的最小宽度。

表 2 钢筋不同间距时每米板宽中的钢筋截面面积（mm^2）

钢筋间距(mm)	钢筋直径（mm）为下列数什时的钢筋截面面积（mm^2）															
	6	6/8	8	8/10	10	10/12	12	12/14	14	14/16	16	16/18	18	20	22	25
70	404	561	718	920	1122	1369	1616	1907	2199	2536	2872	3254	3635	4488	5430	7012
75	377	524	670	859	1047	1278	1508	1780	2053	2367	2681	3037	3393	4189	5068	6545
80	353	491	628	805	982	1198	1414	1669	1924	2218	2513	2847	3181	3927	4752	6136
85	333	462	591	758	924	1127	1331	1571	1811	2088	2365	2680	2994	3696	4472	5775
90	314	436	559	716	873	1065	1257	1484	1710	1972	2234	2531	2827	3491	4224	5454
95	298	413	529	678	827	1009	1190	1405	1620	1868	2116	2398	2679	3307	4001	5167
100	283	393	503	644	785	958	1131	1335	1539	1775	2011	2278	2545	3142	3801	4909
110	257	357	457	585	714	871	1028	1214	1399	1614	1828	2071	2313	2856	3456	4462
120	236	327	419	537	654	798	942	1113	1283	1480	1676	1899	2121	2618	3168	4091
125	226	314	402	515	628	767	905	1068	1232	1420	1608	1822	2036	2513	3041	3927
130	217	302	387	495	604	737	870	1027	1184	1366	1547	1752	1957	2417	2924	3776
140	202	280	359	460	561	684	808	954	1100	1268	1436	1627	1818	2244	2715	3506
150	188	262	335	429	524	639	754	890	1026	1183	1340	1518	1696	2094	2534	3272
160	177	245	314	403	491	599	707	834	962	1110	1257	1424	1590	1963	2376	3068
170	166	231	296	379	462	564	665	785	906	1044	1183	1340	1497	1848	2236	2887
180	157	218	279	358	436	532	628	742	855	985	1117	1266	1414	1745	2112	2727

钢筋间距（mm）	钢筋直径（mm）为下列数什时的钢筋截面面积（mm²）															
	6	6/8	8	8/10	10	10/12	12	12/14	14	14/16	16	16/18	18	20	22	25
190	149	207	265	339	413	504	595	703	810	934	1058	1199	1339	1653	2001	2584
200	141	196	251	322	393	479	565	668	770	888	1005	1139	1272	1571	1901	2454
220	129	178	228	293	357	436	514	607	700	807	914	1036	1157	1428	1728	2231
240	118	164	209	268	327	399	471	556	641	740	838	949	1060	1309	1584	2045
250	113	157	201	258	314	383	452	534	616	710	804	911	1018	1257	1521	1963
260	109	151	193	248	302	369	435	514	592	682	773	858	979	1208	1462	1888
280	101	140	180	230	280	342	404	477	550	634	718	814	909	1122	1358	1753
300	94	131	168	215	262	319	377	445	513	592	670	759	848	1047	1267	1636
320	88	123	157	201	245	299	353	417	481	554	630	713	795	982	1188	1534
330	86	119	152	195	238	290	343	405	466	538	609	690	771	952	1152	1487

注 表中钢筋直径有写成分式者如 6/8，系指 ϕ6、ϕ8 钢筋间隔配置。

附录三 一般常用基本规定

一、混凝土保护层最小厚度

纵向受力钢筋的混凝土保护层厚度（从钢筋外边缘算起）不应小于钢筋直径及表 1 所列的数值，同时也不应小于粗骨料最大粒径的 1.25 倍。

表 1   **混凝土保护层最小厚度（mm）**

项次	构 件 类 别	环 境 条 件 类 别			
		一	二	三	四
1	板、墙	20	25	30	45
2	梁、柱、墩	25	35	45	55
3	截面厚度≥3m 的底板及墩墙		40	50	60

注　1. 直接与基土接触的结构底层钢筋，保护层厚度应适当增大。
    2. 有抗冲耐磨要求的结构面层钢筋，保护层厚度应适当增大。
    3. 混凝土强度等级不低于 C20 且浇筑质量有保证的预制构件或薄板，保护层厚度可按表中数值减小 5mm。
    4. 钢筋表面涂塑或结构外表面敷设永久性涂料或面层时，保护层厚度可适当减小。
    5. 钢筋端头保护层不应小于 15mm。
    6. 严寒和寒冷地区受冻的部位，保护层厚度还应符合《水工建筑物抗冰冻设计规范》的规定。

二、受拉钢筋的最小锚固长度

在支座锚固的纵向受拉钢筋，当计算中充分利用其强度时，伸入支座的锚固长度不应小于表 2 中规定的数值。纵向受压钢筋的锚固长度不应小于表列数值的 0.7 倍。

三、钢筋混凝土构件的纵向受力钢筋基本最小配筋率 ρ_{0min}

钢筋混凝土构件的纵向受力钢筋的配筋率不应小于表 3 规定的数值。

四、截面抵抗矩的塑性影响系数

矩形、T 形、工字形等截面的截面抵抗矩系数 γ_m 值如表 4 所示。

表 2 　　　　　　　　　　受拉钢筋的最小锚固长度 l_a

钢筋类型		混凝土强度等级				
		C15	C20	C25	C30	≥C40
Ⅰ级钢筋		40d	30d	25d	20d	20d
月牙肋	Ⅱ级钢筋	50d	40d	35d	30d	25d
	Ⅲ级钢筋	—	45d	40d	35d	30d
冷轧带肋钢筋		—	40d	35d	30d	25d

注　1. 表中 d 为钢筋直径。
　　2. 月牙肋钢筋直径大于 25mm 时，l_a 应按表中数值增加 5d。
　　3. 当混凝土在凝固过程中易受扰动（如滑模施工）时，l_a 宜适当加长。
　　4. 构件顶层水平钢筋（其下浇筑的新混凝土厚度大于 1m 时）的 l_a 宜按表中数值乘以 1.2。
　　5. 钢筋间距大于 180mm，保护层厚度大于 80mm 时，l_a 可按表中数值乘以 0.8。
　　6. 纵向受拉的Ⅰ、Ⅱ、Ⅲ级钢筋的 l_a 不应小于 250mm 或 20d；纵向受拉的冷轧带肋钢筋的 l_a 不应小于 200mm。
　　7. 表中Ⅰ级钢筋的 l_a 值不包括端部弯钩长度。

表 3 　　　　　　钢筋混凝土构件纵向受力钢筋基本最小配筋率 ρ_{0min} （%）

项次	分类	钢筋等级	
		Ⅰ级	Ⅱ、Ⅲ级、LL550
1	受弯或偏心受拉构件的受拉钢筋 A_s		
	梁	0.20	0.15
	板	0.15	0.15
2	轴心受压柱的全部纵向钢筋	0.40	0.40
3	偏心受压构件的受拉或受压钢筋（A_s 或 A'_s）		
	柱	0.25	0.20
	墙	0.20	0.15

注　1. 项次 1、3 中相应的配筋率是指钢筋截面面积与构件肋宽乘以有效高度的混凝土面积的比值，即 $\rho=\dfrac{A_s}{bh_0}$ 或 $\rho'=\dfrac{A'_s}{bh_0}$；项次 2 中相应的配筋率是指全部纵向钢筋截面面积与柱截面面积之比值。
　　2. 温度、收缩等因素对结构产生的影响较大时，最小配筋率应适当增大。

表 4 　　　　　　　　　　截面抵抗矩的塑性系数 γ_m 值表

项次	截面特征		γ_m	截面图形
1	矩形截面		1.55	
2	翼缘位于受压区的 T 形截面		1.50	
3	对称工形或箱形截面	$b_f/b \leq 2$，h_f/h 为任意值	1.45	
		$b_f/b > 2$，$h_f/h \geq 0.2$	1.40	
		$b_f/b > 2$，$h_f/h < 0.2$	1.35	

项 次	截 面 特 征		γ_m	截 面 图 形
4	翼缘位于受拉区的T形截面	$b_f/b{\leqslant}2$，h_f/h 为任意值	1.50	
		$b_f/b{>}2$，$h_f/h{\geqslant}0.2$	1.55	
		$b_f/b{>}2$，$h_f/h{<}0.2$	1.40	
5	圆形和环形截面		$1.6-\dfrac{0.1d_1}{d}$	
6	U 形截面		1.35	

注 1. 对 $b'_f{>}b_f$ 的工形截面，可按项次2与项次3之间的数值采用；对 $b'_f{<}b_f$ 的工形截面，可按项次3与项次4之间的数值采用。

2. 根据 h 值的不同，表内数值尚应乘以修正系数：$\left(0.7+\dfrac{300}{h}\right)$，其值应不大于1.1。式中 h 以 mm 计，当 $h>3000$mm 时，取 $h=3000$mm。对圆形和环形截面，h 即外径 d。

3. 对于箱形截面，表中 b 值系指各肋宽度的总和。

附录四　均布荷载作用下等跨连续梁（板）的内力系数表

表 1　　　　　　　　　　　　**两　跨　梁**

编 号	荷载简图	k_1 或 k_2			k_3 或 k_4			
		跨中弯矩		支座弯矩	剪　力			
		M_1	M_2	M_B	V_A	V'_B	V'_B	V_C
1		0.070	0.070	−0.125	0.375	−0.625	0.625	−0.375
2		0.096	−0.025	−0.063	0.437	−0.563	0.063	0.063

表 2　　　　　　　　　　　　**三　跨　梁**

编 号	荷载简图	k_1 或 k_2				k_3 或 k_4					
		跨中弯矩		支座弯矩		剪　力					
		M_1	M_2	M_B	M_C	V_A	V'_B	V'_B	V'_C	V'_C	V_D
1		0.080	0.025	−0.100	−0.100	0.400	−0.600	0.500	−0.500	0.600	−0.400
2		0.101	−0.050	−0.050	−0.050	0.450	−0.550	0.000	0.000	0.550	−0.450

编号	荷载简图	k_1 或 k_2				k_3 或 k_4					
		跨中弯矩		支座弯矩		剪 力					
		M_1	M_2	M_B	M_C	V_A	V_B^l	V_B^r	V_C^l	V_C^r	V_D
3		−0.025	0.075	−0.050	−0.050	−0.050	−0.050	0.500	−0.500	0.050	0.050
4		0.073	0.054	−0.117	−0.033	0.383	−0.617	0.583	−0.417	0.033	0.033
5		0.094	—	−0.067	0.017	0.433	−0.567	0.083	0.083	−0.017	−0.017

表3 　　　　　　四 跨 梁

编　号	荷载简图	k_1 或 k_2						
		跨 中 弯 矩				支 座 弯 矩		
		M_1	M_2	M_3	M_4	M_B	M_C	M_D
1		0.077	0.036	0.036	0.077	−0.107	−0.071	−0.107
2		0.100	−0.045	0.081	−0.023	−0.054	−0.036	−0.054
3		0.072	0.061	—	0.098	−0.121	−0.018	−0.058
4		—	0.056	0.056	—	−0.036	−0.107	−0.036
5		0.094	—	—	—	−0.067	0.018	−0.004
6		—	0.074	—	—	−0.049	−0.054	0.013

编　号	荷载简图	k_3 或 k_4							
		剪 力							
		V_A	V_B^l	V_B^r	V_C^l	V_C^r	V_D^l	V_D^r	V_E
1		0.393	−0.607	0.536	−0.464	0.464	−0.536	0.607	−0.393
2		0.446	−0.554	0.018	0.018	0.482	−0.518	0.054	0.054
3		0.380	−0.620	0.603	−0.397	−0.040	−0.040	0.558	−0.442
4		−0.036	−0.036	0.429	−0.571	0.571	−0.429	0.036	0.036
5		0.433	−0.567	0.085	0.085	−0.022	−0.022	0.004	0.004
6		−0.049	−0.049	0.496	−0.504	0.067	0.067	−0.013	−0.013

表 4　　　　　　　　　　　　　　五　跨　梁

编号	荷载简图	k_1 或 k_2						
		跨 中 弯 矩			支 座 弯 矩			
		M_1	M_2	M_3	M_B	M_C	M_D	M_E
1		0.078	0.033	0.046	−0.105	−0.079	−0.097	−0.105
2		0.100	−0.046	0.086	−0.053	−0.040	−0.040	−0.053
3		−0.026	0.079	−0.036	−0.053	−0.040	−0.040	−0.053
4		0.073	$\dfrac{0.059*}{0.078}$	—	−0.119	−0.022	−0.044	−0.051
5		$\dfrac{—**}{0.098}$	0.055	0.064	−0.035	−0.111	−0.020	−0.057
6		0.094	—	—	−0.067	0.018	−0.005	0.001
7		—	0.074	—	−0.049	−0.054	0.014	−0.004
8		—	—	0.072	0.013	−0.053	−0.053	0.013

编号	荷载简图	k_3 或 k_4									
		剪 力									
		V_A	V_B^l	V_B^r	V_C^l	V_C^r	V_D^l	V_D^r	V_E^l	V_E^r	V_F
1		0.394	−0.606	0.526	−0.474	0.500	−0.500	0.474	−0.526	0.606	−0.394
2		0.447	−0.553	0.013	0.013	0.500	−0.500	−0.013	−0.013	0.553	−0.447
3		−0.053	−0.053	0.051	−0.487	0.000	0.000	0.487	−0.513	0.053	0.053
4		0.380	−0.620	0.598	−0.402	−0.023	−0.023	0.493	−0.507	0.052	0.052
5		−0.035	−0.035	0.424	−0.576	0.591	−0.409	−0.037	−0.037	0.557	−0.443
6		0.433	−0.567	0.085	0.085	−0.023	−0.023	0.006	0.006	−0.001	−0.001
7		−0.049	−0.049	0.495	−0.505	0.068	0.068	−0.018	−0.018	0.004	0.004
8		0.013	0.013	−0.066	−0.066	0.500	−0.500	0.066	0.066	−0.013	−0.013

*　　分子分母分别为 M_2 及 M_4 的 α_1 值。

**　分子分母分别为 M_1 及 M_5 的 α_1 值。

参 考 文 献

1. 中国建筑科学研究院主编 . GBJ 68—84《建筑结构设计统一标准》. 北京：中国建筑工业出版社，1984

2. 中华人民共和国电力工业部西北勘测设计研究院主编 . SL/T 191—96《水工混凝土结构设计规范》. 北京：中国水利水电出版社，1997

3. 中华人民共和国电力部中南勘测设计研究院主编 . DL 5077—1997《水工建筑物荷载设计规范》. 北京：中国水利水电出版社，1997

4. 原水利水电规划设计总院主编 . GB 50199—94《水利水电工程结构可靠度设计统一标准》. 北京：中国水利水电出版社，1994

5. 河海大学、大连理工大学、西安理工大学、清华大学合编 . 水工钢筋混凝土结构学，第三版 . 北京：中国水利水电出版社，1996

6. 沈蒲生、罗国强、熊丹安编著 . 混凝土结构，第三版 . 北京：中国建筑工业出版社，1997

7. 翟爱良、郑晓燕主编 . 钢筋混凝土结构计算与设计，第一版 . 北京：中国水利水电出版社，1999

8. 中国建筑东北设计院主编 . GBJ 3—88《砌体结构设计规范》. 北京：中国建筑工业出版社，1988

9. 施楚贤主编 . 砌体结构，第二版 . 武汉：武汉工业大学出版社，1992

10. 武汉水利电力大学、大连理工大学、河海大学合编 . 水工钢结构，第三版 . 北京：中国水利水电出版社，1995

11. 中华人民共和国水利部 . SL 74—95《水利水电工程钢闸门设计规范》. 北京：中国水利水电出版社，1995